Ute Patel-Missfeldt

Aquarelle

auf Papier und Seide

Ute Patel-Missfeldt

Aquarelle

auf Papier und Seide

Eine praktische Anleitung
mit 37 Farbbildern
und Schwarz-Weiß-Skizzen

Eulen Verlag

Dieses Buch widme ich meiner Schwester Marlies, von der ich vor vielen Jahren den ersten Aquarellkasten meines Lebens mit den ersten guten Pinseln und einem Aquarellblock geschenkt bekam. Sie ermöglichte mir durch das gute Material, ernsthaft mit dem Malen zu beginnen. Ich werde die Freude über das wunderschöne Geschenk nie vergessen und auch nicht das erste Motiv – Fuchsien.
Ich möchte mich bei meiner lieben Schwester Marlies mit diesem Buch noch einmal bedanken.

Umschlaggestaltung: Ute Patel-Missfeldt
Umschlag-Rückseite: Vallabhbhai Patel

Reproduktionen: rete Grafische Kunstanstalt, Freiburg
Gesamtherstellung: Freiburger Graphische Betriebe
ISBN 3-89102-191-7

Vorwort

„Wer anderen hilft,
hilft auch sich selbst“
(Seneca)

Nun mag es Sie sicherlich wundern, was dieser Satz mit meinem Buch zu tun hat. Mit diesen Worten des Philosophen Seneca, die er schon 4 v.Chr. niedergeschrieben hat und die bis heute nichts an Wahrheit verloren haben, möchte ich mein Buch beginnen lassen, um Ihnen damit einen Teil des Seins meines Künstlerlebens zu erklären.
Wir Künstler sollten nicht nur den Sinn darin sehen zu zeigen, was wir können, sondern weiterzugeben, was uns an Begabung zugeteilt worden ist. Aus gerade diesem Grund unterrichte ich sehr viel und gerne, lehre alle von mir entwickelten Techniken und gebe meine Erfahrungen weiter. Einige meiner Schüler haben bereits schöne Ausstellungen und Erfolge; es gibt unter ihnen schon Künstler, die auch lehren, was sie bei mir lernten und das freut mich am meisten.
Der zweite Teil von Senecas Worten meint bei mir deshalb die Freude, die zu mir zurückkommt, die Freude, die ich vermitteln konnte, denn diese hilft mir, glücklicher zu sein.
Wir Künstler haben ja ein wundervolles Leben, wir leben mehr als doppelt, schon weil wir mehr sehen, mehr erspüren, mehr empfinden, sensibler für kleinste Dinge in der Welt werden.
Wie oft muß ich einen Gast, mit dem ich vielleicht durch unsere herrlichen Wälder hier wandere, auf Schönheiten am Rande des Weges aufmerksam machen, die er gar nicht sieht, weil es die vorgebliche Wichtigkeit eines Gesprächs nicht zuläßt. In solchen Momenten bin ich oft enttäuscht über die Blindheit oder auch das Unvermögen des Gastes, das, was ich sehe und empfinde, auch zu bemerken, aber auch gleichzeitig überglücklich darüber,

Künstlerin sein zu dürfen und viele alltäglichen Kleinigkeiten als profan und unwichtig zu erkennen.
Falls Sie erst jetzt das Hobby „Malen“ entdecken, werden Sie bald sehen, wie schön viele Dinge im Leben sind.
Ich wünsche Ihnen viel Freude beim Bemalen des Papiers oder der herrlichen Seide.

Ihre

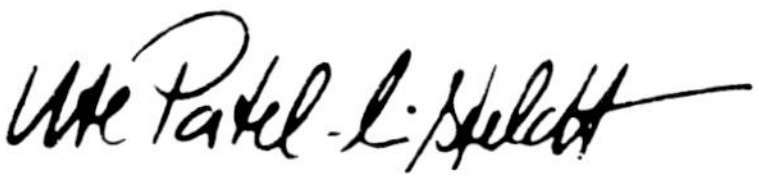

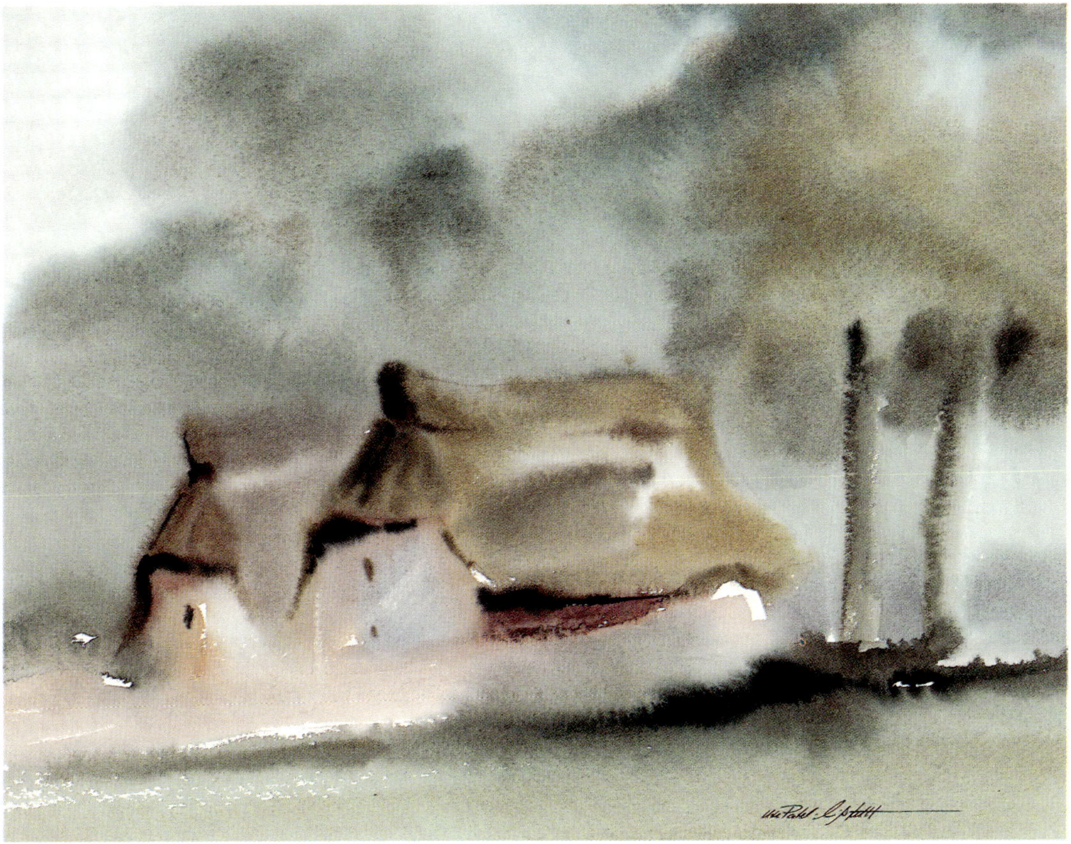

Ein Aquarell entsteht:
Mit einem Naturschwamm die gesamte Fläche anfeuchten. Das Papier sollte nicht so naß sein, daß Pfützen entstehen, vielmehr sollte es seidig glänzen. Nun mit einem dicken Pinsel die Farben auf einem weißen Teller mischen, sehr rasch, um die Farbpigmente nicht zu zerstören. Wo weiße Flächen bleiben sollen, keine Farbe aufsetzen. Für Wolken und Bäume den Pinsel nur aufsetzen und leicht in der gewünschten Form bewegen. Zuerst den Himmel, dann die Häuser, die Bäume und zum Schluß den Vordergrund malen. Die Häuser habe ich nicht konkret gemalt und sie außerdem mit dem Vordergrund zerfließen lassen. Da, wo die Stellen sehr hart und weiß sind, war das Papier bereits trocken und so entstanden besonders helle Lichter. Ich habe folgende Farben gewählt:
Indigo – Ocker – Krapplack – und sehr wenig Ultramarin feinst.

Einführung

Bevor ich vor ungefähr acht Jahren mit der Seidenmalerei begann, malte ich Aquarelle, Aquarelle auf Papier. Die Aquarellmalerei war mir die liebste Technik und wurde zum Inhalt meines Malerinnenlebens. Daß es je Konkurrenz dazu geben würde, hätte ich nie gedacht.

Bis – ja bis die Seidenmalerei kam und mich mit ihren Farben und dem gesamten Material sowie den unendlichen Möglichkeiten so gefangen nahm, daß sie zu einer Sucht wurde. Viele Seidenmaler können bestätigen: es ist eine Sucht.

Es lag auf der Hand, daß ich auch Aquarelle auf Seide ausprobierte, gleich in meiner neuen Technik, die alle Malvariationen zuläßt, die sich denken lassen. Sie können fotografisch genau, verschwommen, abstrahiert, grafisch, lasierend und noch vieles mehr malen. Die Aquarellmalerei ist eine der schwierigsten Techniken überhaupt und es gibt weitaus mehr gute Ölmaler als Aquarellisten.

Obwohl es die Aquarelltechnik schon um 170 vor Christus gab, allerdings noch nicht mit transparenten Farben, fand diese Technik erst ab dem 18. Jahrhundert ihre volle Anerkennung. Im Mittelalter und besonders in der Renaissance war diese Art des Malens als Buch- und Miniaturmalerei schon sehr verbreitet und nun wurden zum Teil auch durchscheinende Farben benutzt.

Albrecht Dürer hat wesentlich dazu beigetragen, daß das Aquarell nicht nur als Skizze anerkannt wurde. Es gibt von ihm ganz zauberhafte Bilder in Aquarelltechnik, aber dennoch dauerte es eine geraume Zeit, bis diese Art des Malens der Ölmalerei ebenbürtig war.

Es war vor allem William Turner, der die Aquarelltechnik von England aus populär machte. Die Impressionisten griffen sie auf und begeisterten uns mit herrlichen Aquarellen.

Trotzdem begegnen mir immer wieder Menschen, die glauben, die Ölmalerei sei wertvoller oder haltbarer. Kennen Sie eine Kopie eines Naß-in-Naß-Aquarells? Ein Ölbild ist so gut kopierbar, daß selbst Experten Unterschiede nicht erkennen können.

Die Technik der Aquarellmalerei birgt sehr viel Willkür in sich, die wir nutzen können, die uns aber auch unser Konzept zerstören kann. Man muß in kürzester Zeit, solange das Papier oder die Seide naß ist, erkennen, wo der Farbfluß unserem Bild entspricht oder aber korrigiert werden muß. Sie müssen deshalb viel Erfahrung gesammelt haben auf unendlich vielen Papierbögen, Erfahrungen, die ein Ölmaler während des Malens macht, da er sein Bild mit Abstand betrachten, lange Zeit nachdenken und schließlich über die schon vorhandene Farbe malen und korrigieren kann. Durch den Abstand erkennt er sofort Tiefenwirkung, Licht und Schatten und die Richtigkeit der Perspektive. Wir müssen, da wir unmittelbar vor unserem Bild sitzen, wissen, wie es, wenn es vollendet ist, aus der Entfernung wirken wird. Ein gutes Aquarell auf Papier ist in wenigen Minuten fertig und jede Korrektur ist ein Fehler. Häufig genug wird mir die unsinnige Frage mit unterschiedlicher Motivation gestellt: „Wie lange malen Sie an einem Bild?“ Meine jetzige Antwort ist eine Gegenfrage: „Meinen Sie die zehn Jahre, die ich täglich übe oder die drei Minuten, in denen ich Ihnen hier ein Bild vormale?“

In diesem Zusammenhang sollte ich Ihnen einmal eine Geschichte erzählen, die ich immer wieder zum besten gebe, um zu zeigen, daß alle Dinge im Leben erarbeitet werden müssen, kürzer oder länger, je nach Begabung und zwar in jedem Beruf.

Die Geschichte ist also diese: Der Tenno (ehemaliger japanischer Kaiser) ging eines Tages zu einem bekannten Künstler und bat um eine Lackdose mit dem Abbild eines Reihers. Glücklich über diesen Auftrag bat der Künstler den Tenno, in der kommenden Woche wieder in die Werkstatt zu kommen, um die Dose zu begutachten. In der Woche darauf schaute der Tenno zu dem Künstler hinein, aber die Lackdose war nicht fertig. Er wurde auf den Monat danach vertröstet, auf ein Jahr darauf, bis endlich nach zwei Jahren der Tenno keine Geduld mehr hatte, was nach zwei Jahren, selbst bei der schon sprichwörtlichen Geduld der Japaner verständlich ist.

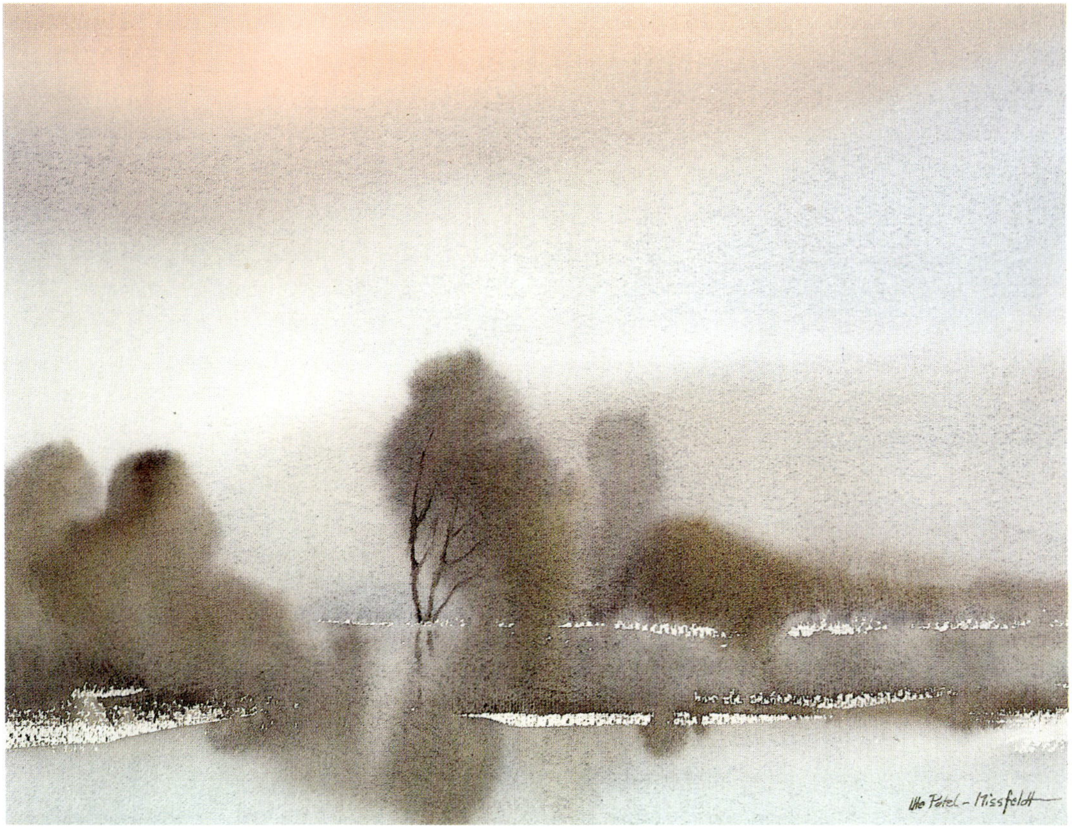

Bei diesem Bild (mit Terra di Siena, Indigo und Helio echtorange gemalt) habe ich nur den Himmel bis zum Horizont angefeuchtet und beim Vordergrund so rasch gemalt, daß dort, wo ich Weiß behalten wollte, keine Farbe auf das Papier kam. Sie fahren so leicht über das Papier, daß nur die höher stehenden Noppen des Papiers Farbe erhalten.
Ab und zu berührte ich den noch nassen Himmel und die schon eingesetzten Bäume mit dem Pinsel, sodaß die Farben in den Vordergrund liefen.

Nach diesen zwei Jahren also sagte der Tenno, wenn er nun auf der Stelle seine Lackdose nicht erhielte, möchte er den Auftrag zurücknehmen.
Der Künstler bat um zehn Minuten, holte eine hübsche Dose und zauberte in dieser kurzen Zeit einen leichten, zarten, fliegenden Reiher auf den Lack.
Sprachlos vor Staunen über diese Malerei, über diesen zauberhaften Vogel stand der Tenno da und war begeistert. So eine Dose hatte er sich vorgestellt und er fragte nach dem Preis. 2000 Jen, sagte der Künstler, müsse er haben. Wieder war der Kaiser sprachlos, aber dieses Mal ob der Höhe des Preises und er sagte: „Sie malten mir in zehn Minuten einen Reiher, für diese zehn Minuten erwarten Sie diese Summe! Das ist ja wohl ein unangemessener Preis, den verlangen Sie nur, weil ich der Tenno bin!"
Da führte der Maler den Herrscher in einen großen Raum, in dem Hunderte von Seidenfahnen von der Decke hingen und auf diesen Fahnen waren Tausende von Reihern gemalt. „Sehen Sie", sagte sanft der Künstler, „zwei Jahre habe ich geübt und täglich gemalt, um Ihnen in zehn Minuten diesen Reiher zu malen und das ist der Preis für die lange Lehre."
Ich glaube, der kluge Tenno hatte den Preis nun verstanden.
Damit sind auch die getröstet, die sagen, so schnell möchten sie ihr Geld auch verdienen. Wieviel Papier in den Müllkorb wanderte, wieviele ungezählte Stunden des Malens umsonst waren, sehen diese Leute nicht.
In diesem Buch, das meines Wissens das erste in dieser Kombination ist, möchte ich Ihnen die Aquarellmalerei auf Papier und auf Seide gegenüberstellen und Ihnen aufzeigen, welche Unterschiede, Möglichkeiten und Probleme es dank des so unterschiedlichen Untergrundes gibt.
Meine liebsten Aquarelle sind die naß-in-naß gemalten Bilder. Bei dieser Art des Aquarellierens beeindruckt mich die Willkür der Technik, der ich mich bis zu einem gewissen Grad anpassen muß. Lasse ich die Farbe laufen, die Technik sich frei entfalten, entstehen oft die schönsten Dinge ohne mein Zutun. Das ist auch ein Grund, weshalb ich Schablonen ablehne, die man, z.B. um ein Segel in weiß zu erhalten, aufs Papier legt, oder Gummiarabikum, das man benutzt, um weiße Aussparungen zu haben. All diese Hilfsmittel tun der Technik Zwang an und die Malerei wirkt konstruiert. Die Gefahr, Kitsch zu

produzieren, ist schon durch die Wiederholbarkeit sehr groß. Aber das ist meine ganz persönliche Einstellung.
In meinen Bildern vermag ich mich so auszudrücken, daß jedem Betrachter seine Möglichkeit der Interpretation gelassen wird, ohne daß ich ihm unlösbare Rätsel aufgebe oder versuche, ihm meine Gedanken aufzudrängen.
Etwas, was ein Aquarell – ob auf Seide oder Papier – so wertvoll macht, ist, daß es nie zu wiederholen ist, es bleibt immer ein Unikat, auch der Künstler selber kann sich nicht kopieren.
Versuchen Sie einmal, ein Aquarell zu zaubern und lassen Sie sich davon gefangen nehmen. Sie können mit der Malerei ein ganz neues Lebensgefühl erfahren, mich jedenfalls macht sie glücklich und ausgeglichen. Mein Maltag beginnt häufig um 6.30 Uhr und endet um 2.00 Uhr oder 3.00 Uhr in der Nacht. Trotzdem bin ich nicht müde am kommenden Tag, weil das Malerleben so unglaublich faszinierend ist. Auch nervös kann man mich nicht nennen, ich schöpfe eine unendliche Kraft aus dieser herrlichen Begabung und bin dadurch ein überglücklicher Mensch.
Ich wünsche Ihnen nun, daß auch Sie die Quelle entdecken, aus der Sie Kraft schöpfen können – beginnen Sie mit einem Aquarell, es kann nur schön werden!

Der Mohn wurde auf trockenes Papier gemalt, dann feuchtete ich manche Stellen des Papiers an, um auch verlaufende Blätter zu erhalten. Nun ließ ich das ganze Bild trocknen, um es dann sehr vorsichtig wieder vollständig anzufeuchten. Jetzt malte ich den Hintergrund, ließ ihn wieder trocknen und setzte zuletzt noch ein paar Blätter auf. Da die Farbe transparent ist, scheint der Untergrund durch. Bei der Seide müßte zwischenfixiert werden.

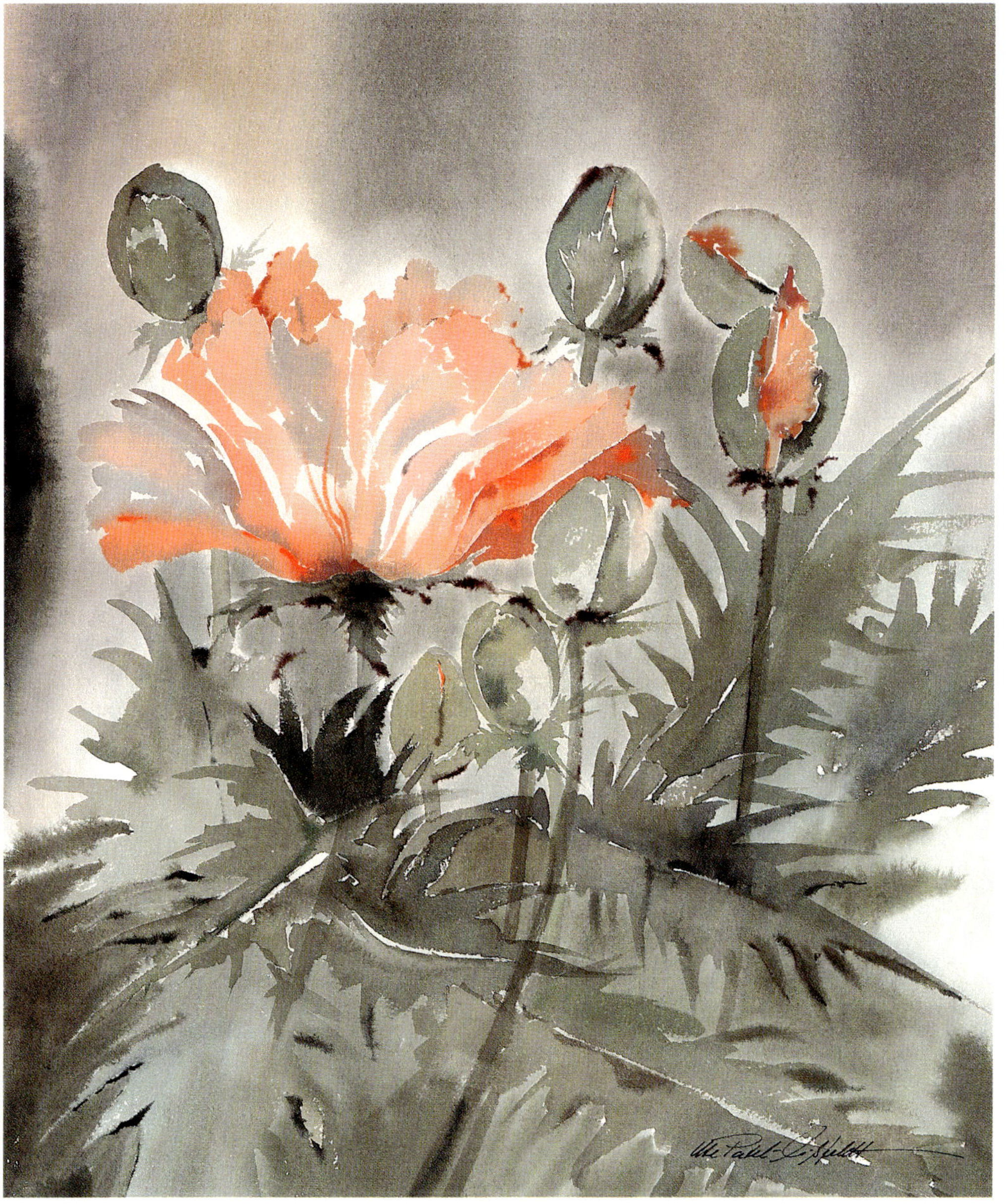

Technik

Aquarelle auf Papier

Bei der Aquarellmalerei ist es nicht nötig, unglaublich präzise zu sein, Perfektion ist der Tod eines künstlerischen Aquarells. Lassen Sie die Technik sprechen, engen Sie sie nicht so ein, daß die Spontaneität des Farbverlaufs verloren geht, ob auf Seide oder Papier.
Ich sagte schon bei der Einführung, daß man dem Betrachter die Möglichkeit lassen muß, seine Fantasie zu entwickeln und ein Bild seinen Empfindungen gemäß zu interpretieren.
Ich male nicht jeden Zweig in einen Baum, auch nicht jedes Fenster in ein Haus, manchmal sind Büsche lila und Dächer gelb. Wer die Stengel eines Blumenstraußes in Ihrem Bild nachzählt, dem können Sie auch nicht zu künstlerischem Denken verhelfen.
Lassen auch Sie sich nicht von so vielen Vorschriften irritieren, probieren Sie einfach aus, was Sie mögen, auch Vorschriften müssen keine Wahrheit sein, und nur so finden Sie Ihren eigenen Malstil.
Die meisten Anfänger machen den Fehler, mit einem Sonnenuntergang zu beginnen. Aber gerade deshalb, weil er so unglaublich schön ist, müssen Sie erst einmal lernen, einfachere Dinge aufs Papier oder auf die Seide zu bringen. Nur wer lange gelernt hat, kann einen Sonnenuntergang in etwa so schön malen, wie er ist. Ich scheue nach wie vor davor zurück.

Natürlich sollte man die Dinge zuerst einmal naturalistisch malen können, erst dann kann man glaubwürdig reduzieren. Bei meiner geliebten Naß-in-Naß-Technik wird die Farbe auf feuchtes Papier oder immer ineinanderfließend aufgetragen. Es sollte keine trockene Stelle während des Malens entstehen und demzufolge muß zügig gearbeitet werden. Das rasche Arbeiten läßt Ihnen keine Zeit für überflüssige Details und das Ineinanderfließen der Farben macht den Reiz dieser Technik aus. Ein gutes, spontanes Papieraquarell ist nicht korrigierbar, was bei der Seide durchaus möglich ist. Sie können auf der

Seide Farbe entfernen, neu beginnen und alles völlig verändern. Es ist auf jeden Fall einfacher, dabei zu guten Ergebnissen zu gelangen.
Lernen Sie, mit wenigen Farbtönen viel auszudrücken; auch in diesem Fall gilt: weniger ist mehr. Ich lehre meine Schüler, mit zwei oder drei Farben schöne Nuancen zu mischen. Sie werden erstaunt sein, welche Vielfalt an Tönen aus nur drei Farben entsteht. Es ist außerdem eine große Erleichterung, sich auf diese Weise selber Grenzen zu setzen und nicht die gesamte Farbskala in einem Bild vereinen zu müssen. Aber eine der größten Schwierigkeiten beim Malen besteht darin, ein gutes Farbgefühl zu entwickeln und das Mischen der Farben ist eine Kunst. Oft kann man ein solches Farbgefühl gar nicht erlernen. An der Kleidung mancher Schüler kann ich häufig erkennen, ob das Gespür für Farben vorhanden ist.
Legen Sie sich eine Mappe an, in der Sie pro Seite ein bis zwei, höchstens drei Farben untereinander mischen und notieren Sie, welche Farben Sie benutzt haben. Ich zeige Ihnen auf der nächsten Seite einmal ein Blatt als Beispiel.

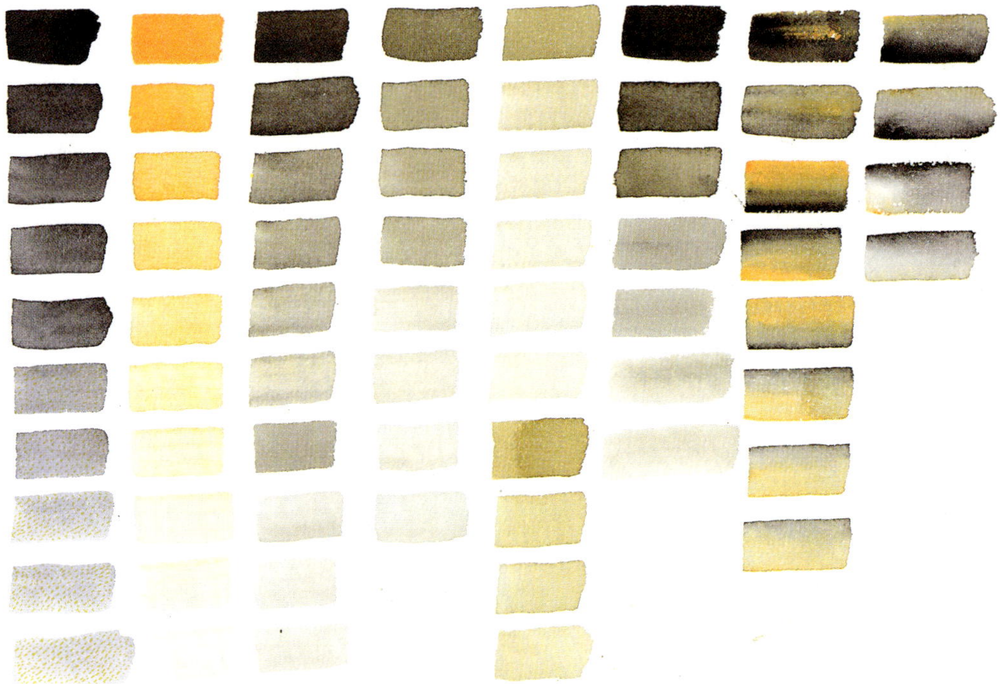

Hier sind nun aus zwei Farben – Neutraltinte und Heliogen Echtgelb dunkel – viele Nuancen gemischt. Es ist unwahrscheinlich, wieviele Töne aus nur zwei Farben beim Mischen entstehen. Sie können in so eine Mappe unendlich viele Bögen mit Farbmustern heften und nach warmen, kalten Tönen, Frühlings-, Sommer-, Herbst-, Winter-, Regen- und Sonnenfarben schauen. Da man nicht jeden Tag ein differenziertes Farbempfinden hat, ist eine solche Mappe sehr hilfreich. Mischen Sie die Farben immer nur kurz auf einem Teller. Die Farbpigmente bekommen sonst einen Grauton: sie sind totgemischt.

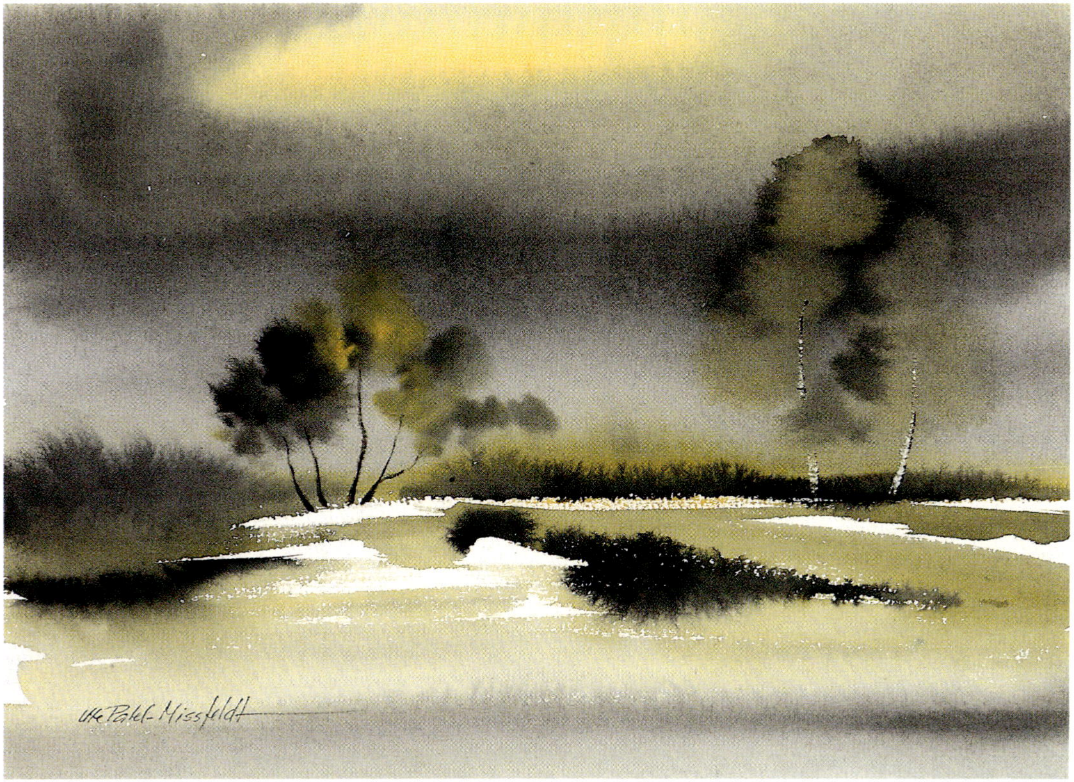

Dieses Bild habe ich mit den zwei Farben unserer Skala gemalt, also mit Neutraltinte und Heliogen Echtgelb dunkel. Bei den Bäumen links hatte ich die beiden Farben gleichzeitig auf dem Pinsel, die Gruppe rechts ist mit sehr verdünntem Gelb in den fast trockenen Himmel gesetzt, dadurch entstehen dunkle Ränder. Das freigelassene Papier erscheint als Weiß im Bild, die Birkenstämme habe ich nachträglich herausgekratzt.

Beginnen Sie links oben und malen Sie nach rechts. Setzen Sie ganz ruhig Streifen für Streifen mit einem dicken Pinsel (hier Nr. 30) untereinander. Die Farben haben Sie zum Mischen auf einem Porzellanteller neben sich. Aufgehellt wird nur durch Zusatz von Wasser. Setzen Sie die Bäume in den noch nassen Untergrund und malen Sie die Stämme mit weniger verdünnter Farbe kurz vor dem endgültigen Trocknen.

Farben

Farben können Sie in Näpfchen, die in Kästen stehen, kaufen. Ich bevorzuge allerdings die in Tuben erhältlichen feuchten Farben. Wenn Sie sich einen Kasten anschaffen möchten, rate ich Ihnen, sich Ihre Farben selbst zusammenzustellen, denn es gibt viele Farbtöne, die man nie oder selten benötigt. Hier ist eine Auswahl der am häufigsten gebrauchten Farben. Mit Sternchen versehene Farbtöne sollten Sie unbedingt in der Grundausstattung haben:

Goldocker *
Indischgelb imit. *
Lichter Ocker
Helio Echtgelb hell *
Caput mortuum dunkel
Krapplack dunkel *
Kadmium hell *
Permanentrot dunkel
Grüne Erde gebrannt
Terra di Siena gebrannt

Umbra natur *
Umbra gebrannt *
Vandyckbraun *
Indigo *
Kobaltblau dunkel
Ultramarinblau feinst *
Hookersgrün
Paynesgrau *
Heliogenblau
Neutraltinte

Grün benötigen Sie kaum, Sie können es aus allen Blau-, Schwarz- und Gelbtönen mischen. Die anderen Farben müssen Sie sich nun immer statt Blumen zum Geburtstag wünschen.

Ich male seit Jahren mit meinen geliebten Lukasfarben; diese schönen, lichtechten Farben begeistern mich nach wie vor.
Neuerdings habe ich aber auch Farben von der Firma Kreul ausprobiert und damit ebenfalls gute Ergebnisse erzielt.
Ein sehr schönes Buch mit allem Wissenswerten über Aquarellmalerei möchte ich Ihnen noch empfehlen: „Das große Buch vom Malen mit Aquarellfarben" von J.M. Parramón, im Verlag Edition Michael Fischer erschienen.

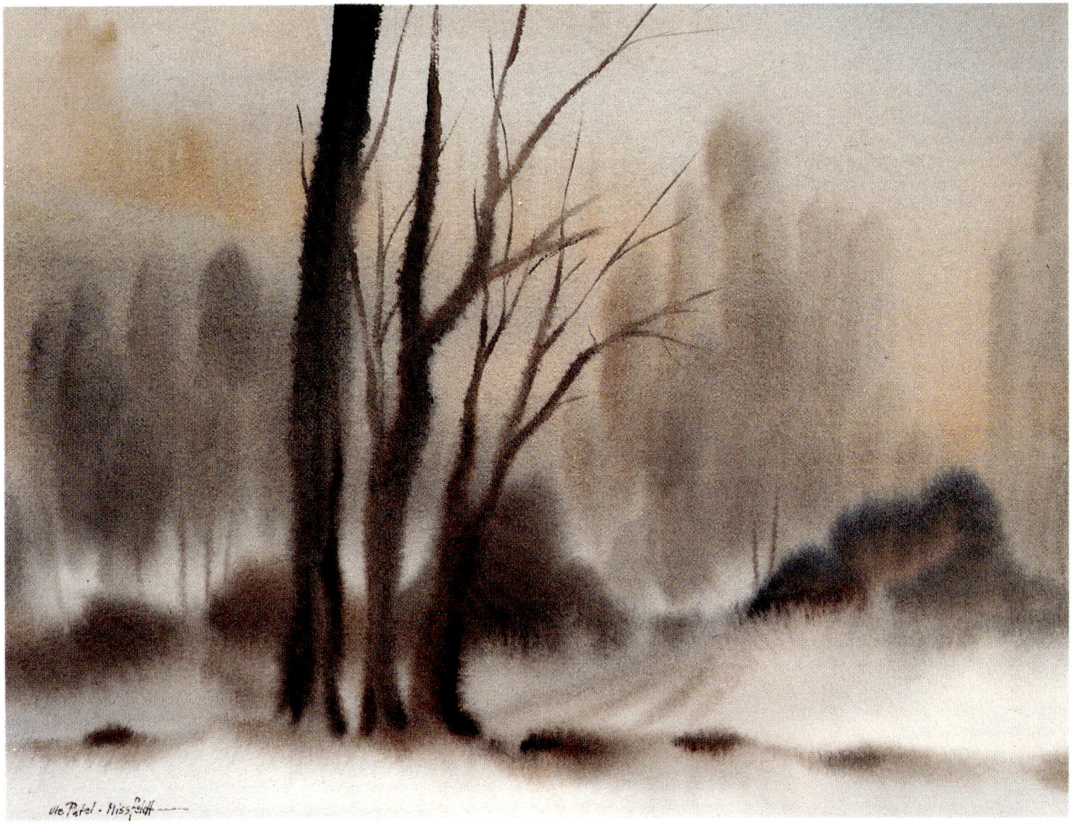

Hier habe ich auf nassem Untergrund gemalt mit folgenden Farben: Caput mortuum, Indigo und Helio echtorange. Wieder entstand zuerst der Himmel, dann die hellsten Bäume, die dunkleren Büsche und zuletzt kurz vor dem Trocknen die dunklen Baumstämme. Bei der Aquarellmalerei gilt: vom Hellen ins Dunkle malen, also immer mit den hellsten Tönen beginnen.

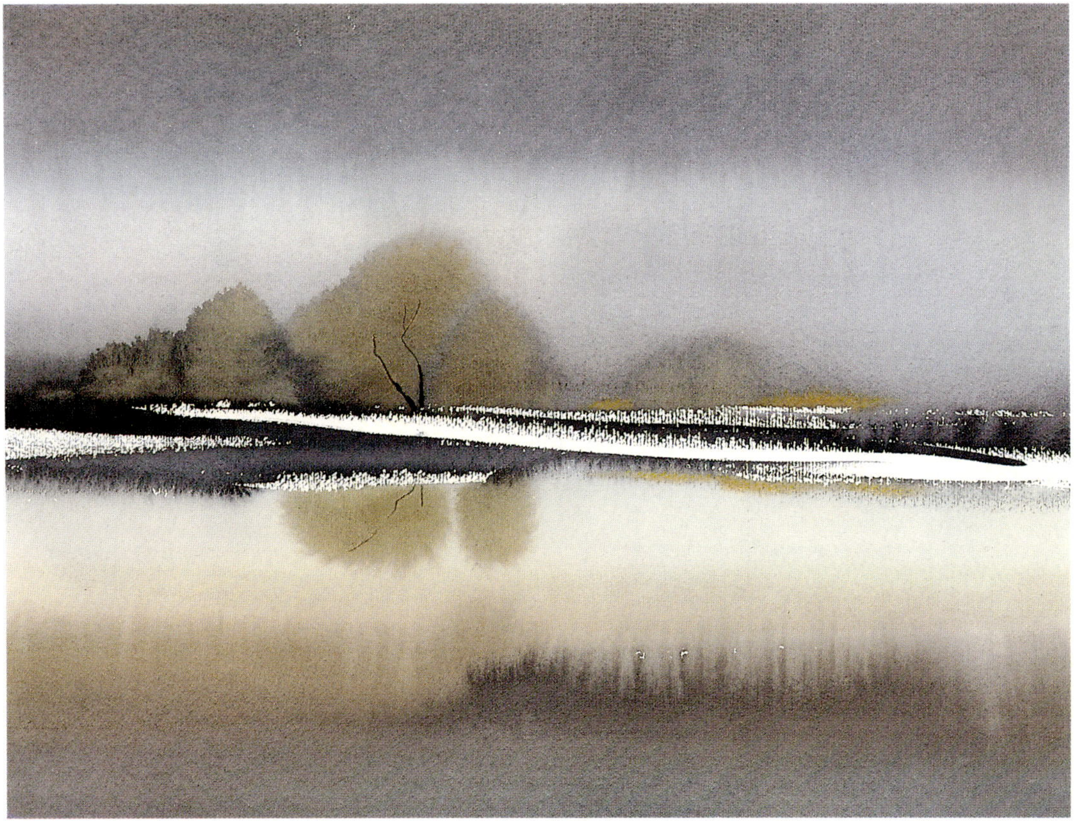

Dieses Bild wurde mit nur zwei Farben auf den Block gebracht. Indigo und Terra di Siena und es wirkt doch wirklich nicht unfarbig, oder?
Ich habe den oberen und unteren Teil des Blockes der Körnung „rauh“ angefeuchtet, die Mitte blieb trocken. Ganz rasch habe ich den Himmel und den Vordergrund gemalt, das Bild einmal kurz senkrecht gestellt, um die Farben ineinander fließen zu lassen und erst dann die Büsche und ein paar dunkle Streifen eingesetzt.

Papier

Das Aquarellpapier ist in verschiedenen Körnungen zu erhalten, das heißt, daß die Oberfläche des Papiers mehr oder weniger rauh ist. Die Körnung des Papiers bestimmt den Verlauf der Farbe und, wenn auch nur in geringem Maße, die Leuchtkraft der Farbe. Sie können die Blätter lose kaufen, dann kleben Sie sie am besten feucht auf eine Pappe oder Glasplatte. Oder aber Sie entscheiden sich für einen Malblock, bei dem die Blätter schon ringsherum festgeleimt sind und nach dem Malen und dem völligen Trocknen mit einem Messer abgetrennt werden. Wenn Sie gerne in der Natur malen, ist der Block auf jeden Fall bequemer.
Sie können bei Papier und Block zwischen folgenden Körnungen wählen:
grobkörnig = extra rauh, mittelkörnig = rauh und feinkörnig = fein
Einem Anfänger ist ein Block mit der Körnung „rauh“ zu empfehlen, da man auf diesem Papier nicht so rasch arbeiten muß wie auf dem feinen Papier, das mit zum Schwierigsten gehört.

Pinsel

In meinen Seidenmalbüchern „Malen auf Seide" und „Blüten auf Seide" habe ich die Jaxhair Pinsel erwähnt, und ich bin nach wie vor begeistert von der Qualität und Langlebigkeit dieses Synthetikpinsels. Sie können sowohl Papier als auch Seide mit diesen Pinseln bemalen und hätten somit nur eine Anschaffung nötig. Für eine gute, haltbare Grundausstattung würde ich folgende Pinselstärken empfehlen:
Nr. 30, 12, 8, 4, 2, 2/0, sowie einen breiten Rindshaarpinsel für größere Flächen. Mit dem breiten Flachpinsel können Sie auch „zweifarbig" malen, indem Sie zwei Farben auf den Pinsel aufnehmen.
Ein Nachteil gegenüber einem Naturhaarpinsel gibt es: sollten Sie den Pinsel im Wasser stehen lassen (eine absolute Unart!), dann ist er nicht mehr zu gebrauchen, die Spitze ist gebogen und kann nicht wieder gerichtet werden. Ein Naturhaarpinsel dagegen kann mit Leim, den man trocknen läßt, wieder in die die alte Form gebracht werden.
Mit den Jaxhair Pinseln aber können dank der wirklich feinen Spitze selbst mit der stärksten Größe zarte Linien gemalt und kleinste Ecken in der Seidenmalerei ausgemalt werden.

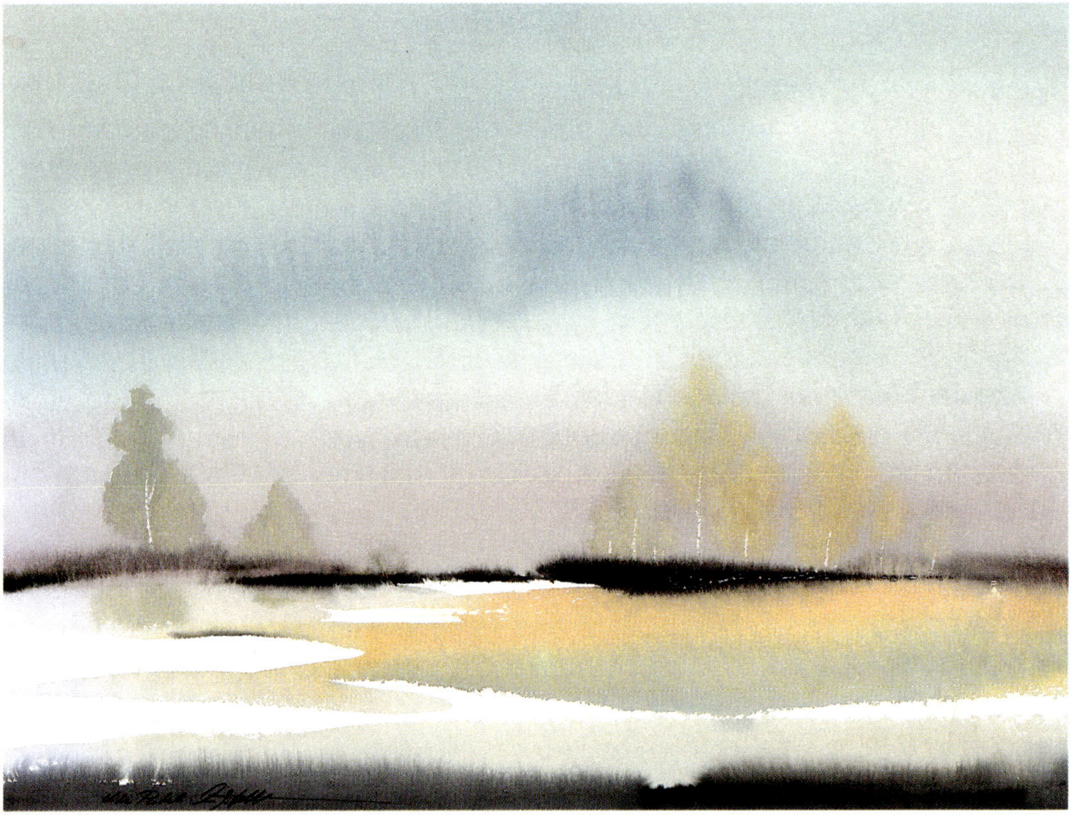

Um weiße Birkenstämme zu erhalten, gibt es mehrere Möglichkeiten: entweder Sie nehmen die Farbe mit einem trockenen Pinsel wieder heraus, oder Sie sparen die Stelle, die weiß bleiben soll, aus. Sie können aber auch das Papier trocknen lassen und die Birkenstämme dann herauskratzen.
Hier habe ich die Stämme mit einem Papiermesser herausgekratzt.

Skizzen

Wie schön ist es, das denke ich immer wieder, mit dem Blick eines malenden oder fotografierenden Menschen durch die Welt zu gehen. Mein Mann ist unter anderem Fotokünstler, und es ist faszinierend, wie unterschiedlich wir ein Objekt betrachten und wie viel wir voneinander lernen können.
Ich finde es wundervoll, neugierig und aufmerksam durch die Welt zu gehen, ständig zu lernen und auch noch das Gesehene und Erfahrene auf Papier oder Seide festhalten zu könnnen. So sitze ich Stunden meines Lebens in der Natur oder auch in Räumen, in einer Flughalle, einem Konzertsaal und male Skizze um Skizze auf Blöcke, Papier, Eintrittskarten und Fahrscheine, auf alles, was gerade greifbar ist. Wenn eine Skizze einmal von der Hand in den Kopf gegangen ist, brauchen Sie das nun schon einmal Gezeichnete bei Bedarf nur abzurufen, es ist im Hirn gespeichert.
Malen Sie bei einer Landschaft nur den Teil, der Ihnen gefällt. Lassen Sie von acht Bäumen ruhig drei fort, es wird kaum jemand auf die Idee kommen, die Bäume oder die Zaunlatten zu zählen, obwohl mir auch das schon passiert ist. In der Kunst ist alles, was nicht notwendig ist, zuviel. Ein gutes optisches Hilfsmittel ist ein leerer Diarahmen, durch den Sie sich die Landschaft in Ausschnitten anschauen können. Sie sehen dabei die Dinge auf das Wesentliche reduziert und alles Störende, Überflüssige entfällt.

Eine unendliche Zahl von Skizzen füllt bei mir Blöcke und Papierbögen und so kann ich jederzeit Ideen zum Malen aus diesem Schatz heraussuchen. Ich lege fast alle Skizzen in der Größe 12 x 9 cm an. Wie beim Diarahmen kann ich mich auf dieser kleinen Fläche nicht in Unwichtigkeiten verlieren. Beispiele zeige ich Ihnen auf den folgenden Seiten.

Hier habe ich die Zeichnung ein wenig sorgfältiger ausgearbeitet. Das bedeutet, daß ich später weiß, wo Licht und Schatten lag.

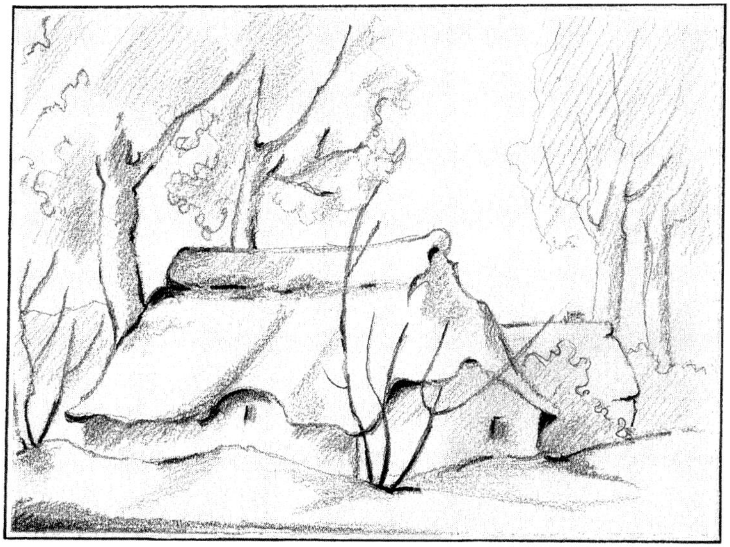

Ab und zu trage ich auch gleich die Farben ein. Das muß aber nicht bedeuten, daß ich mich beim Malen daran orientiere.

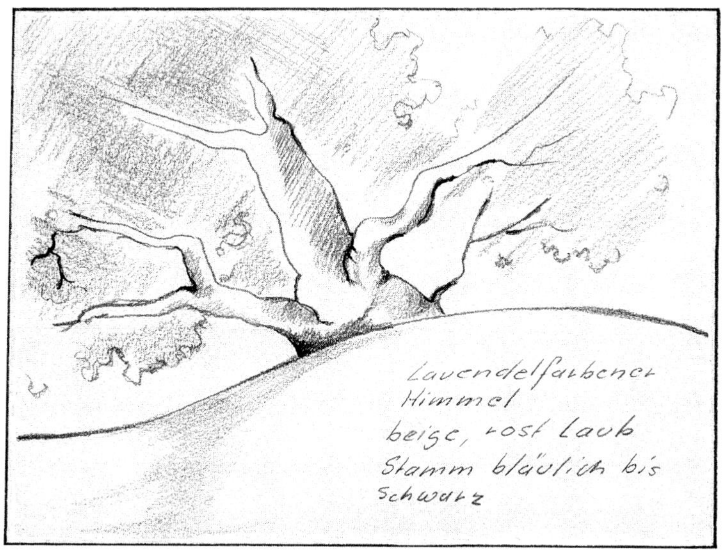

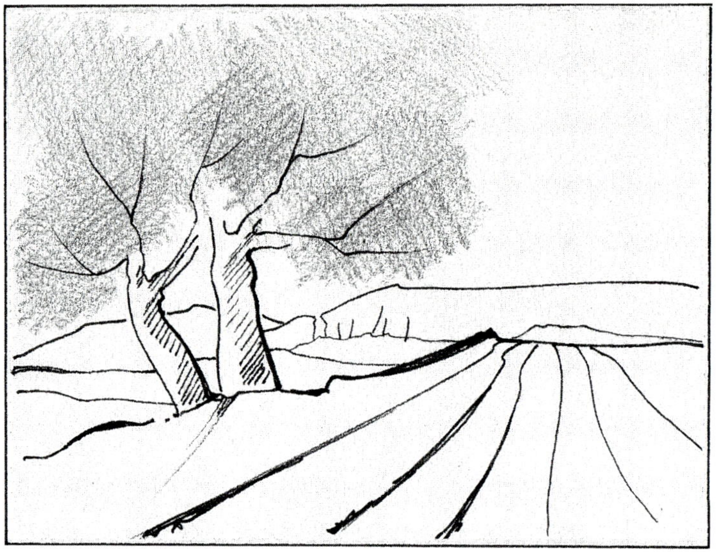

Eine Skizze kann auch sehr einfach sein, sie läßt dann Ihrer Fantasie mehr Spielraum. Malen Sie rasch und spontan mit dem Filzstift nur Konturen und kaum Details.

Diese Baumreihe wurde erst gemalt, als der obere Teil des Himmels fast trocken war. Dadurch entstanden die dunklen Ränder. Den unteren Teil malte ich rasch naß-in-naß auf das trockene Papier. Bis auf ein paar weiße Stellen fließt alles ineinander und wirkt sehr weich verlaufend.

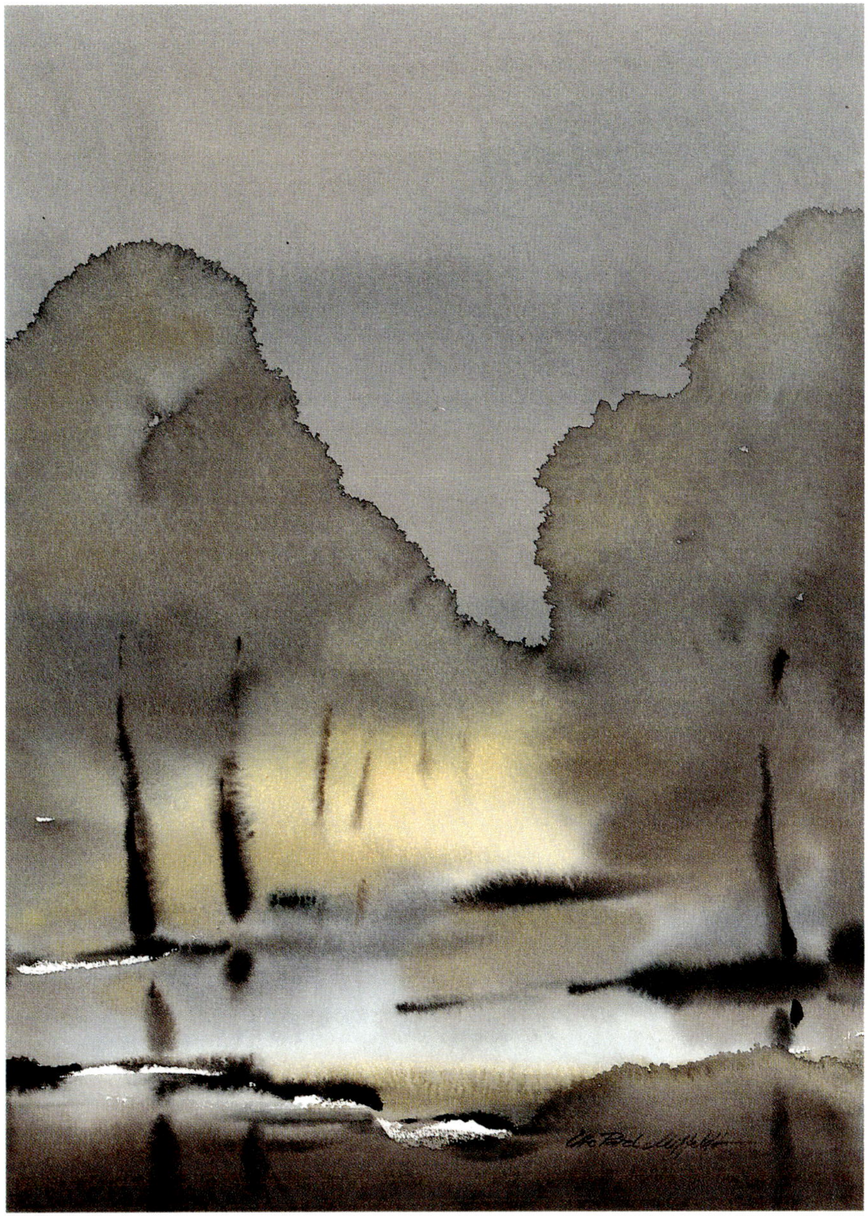

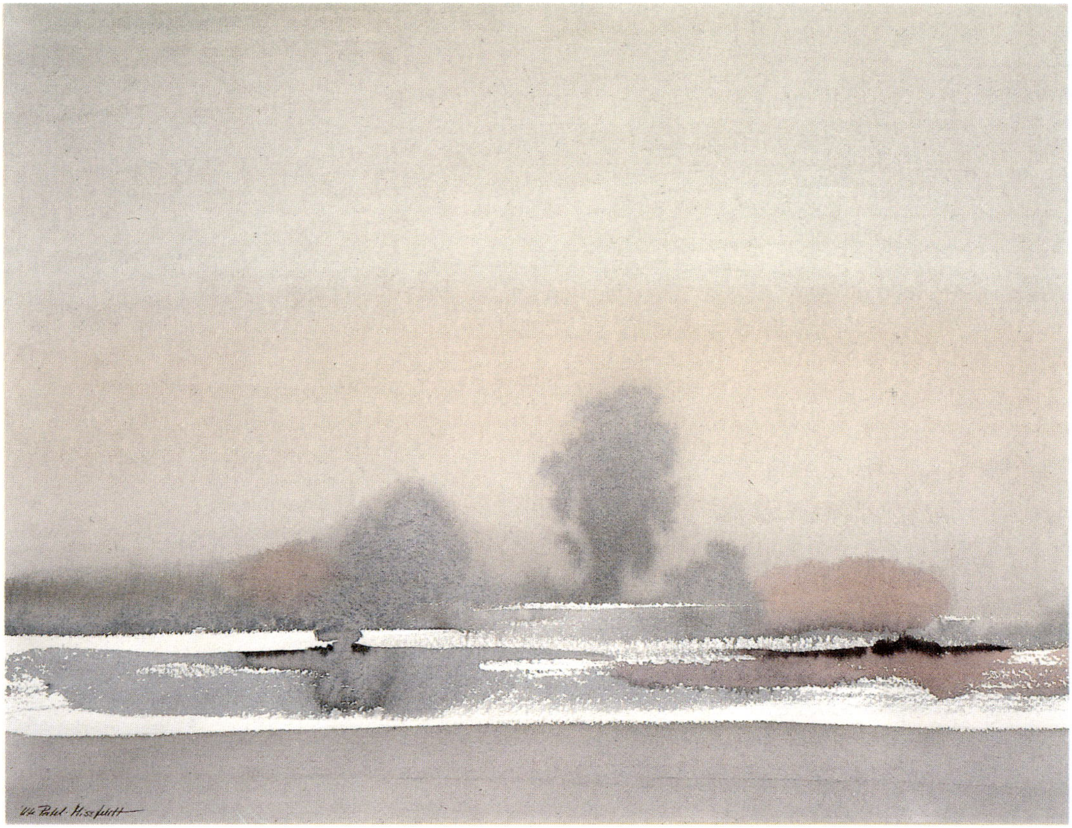

Dieses besonders zarte Bild ist mit viel Wasser und sehr wenig Farbe entstanden. Um diesen stillen Himmel zu erhalten, stellen Sie den Block senkrecht und setzen in ruhigen Strichen Farbstreifen an Farbstreifen auf den trockenen Untergrund. Dann lassen Sie in dem noch nassen Himmel Bäume entstehen, indem Sie den Pinsel einfach aufsetzen und ihn wieder hochnehmen. Die Büsche und Bäume wachsen dann von alleine, probieren Sie es einmal.

Farb- und Formperspektive

In sehr reduzierter Form möchte ich Ihnen nun die Farb- und Formperspektive erläutern.
Eigentlich müßte man das Problem der Perspektive mathematisch erklären und zeichnen, für einen Anfänger kann das sehr kompliziert sein. Aber Sie können auch mit meiner einfachen Erklärung das Prinzip verstehen und schon sehr vieles ausdrücken.
Am ehesten lernen Sie vor Ort in der Natur. Wenn Sie immer wieder zeichnen und dadurch sehen lernen, werden Sie irgendwann intuitiv spüren, ob die Perspektive stimmt.
Beachten Sie folgendes:
Farbperspektive: Vordergrund dunkel, Hintergrund hell.
Formperspektive: Vordergrund groß, Hintergrund klein.
Sie sollten sich diese einfache Regel merken, ohne sich sklavisch daran zu klammern. Auch hier dürfen Sie Fantasie entwickeln und alles ganz anders machen. Ich versuche immer, nichts im Leben zum Prinzip zu erheben und ständig flexibel zu sein.
Die Beispiele, die nun folgen, sollen Ihnen verdeutlichen, wie es aussieht und wirkt, wenn man diese Regeln beachtet.

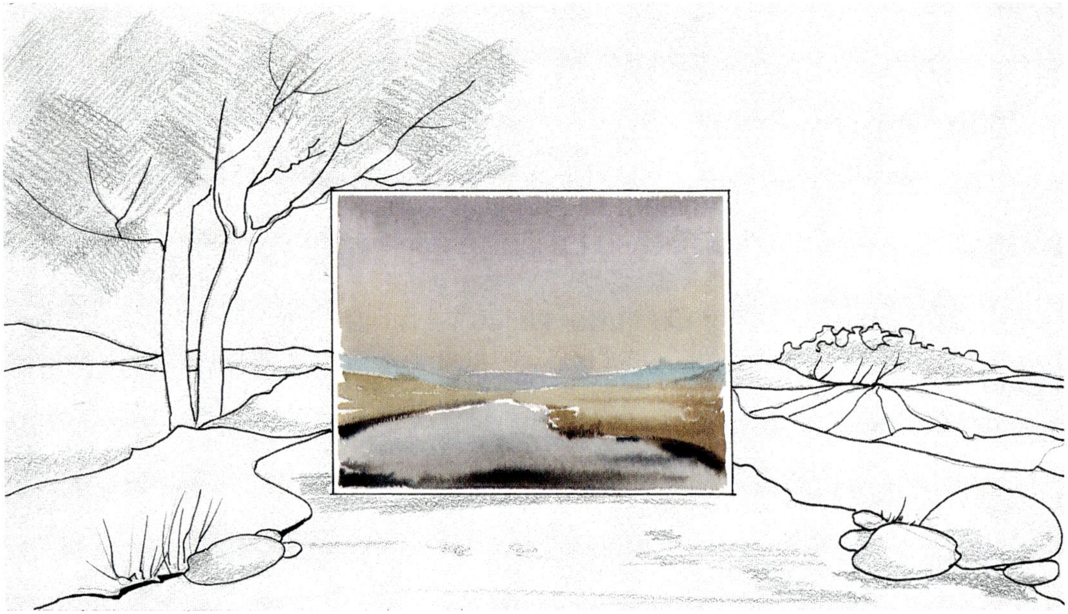

Hier habe ich nur diesen Ausschnitt aus einer Landschaft gewählt und die Entfernung mit zartblauen Tönen und schmalen Waldstreifen ausgedrückt.

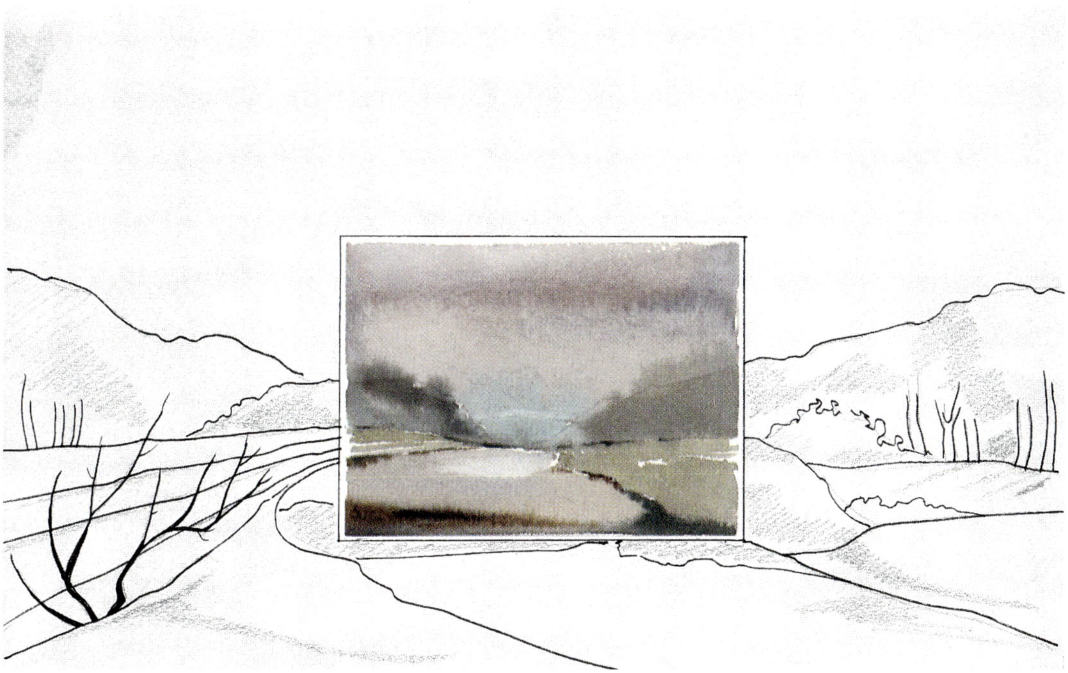

Bei diesem Ausschnitt sind die Bäume dunkler (Farbperspektive) und größer (Formperspektive) als bei dem ersten Beispiel. Dadurch sind sie erheblich näher gerückt.

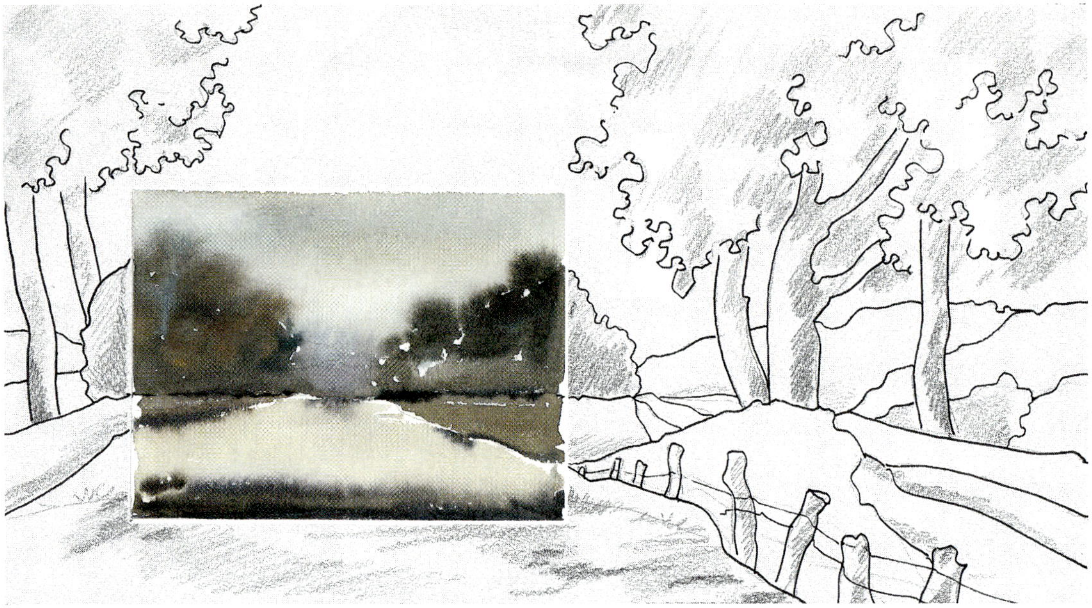

Diese Baumgruppe befindet sich nun schon, wenn Sie sich die restliche Zeichnung fortdenken, durch die Intensität der Farbe und die Größe der Bäume im Vordergrund.

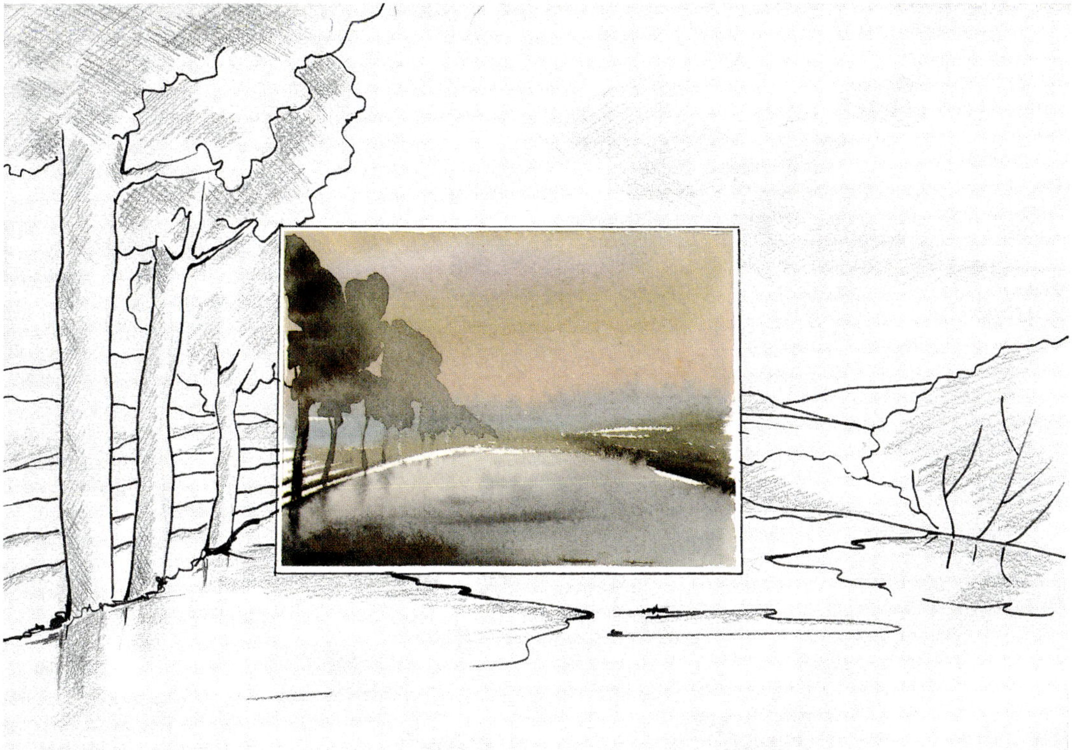

In diesem Bild können Sie an der Baumreihe ganz genau die Farb- und Formperspektive erkennen. Übertreiben Sie ruhig die Farbunterschiede, gehen Sie also vom zartesten Blau bis zum tiefsten Schwarz. Da man ein Bild auch aus der Entfernung betrachtet, sind solch krasse Farbunterschiede wichtig.

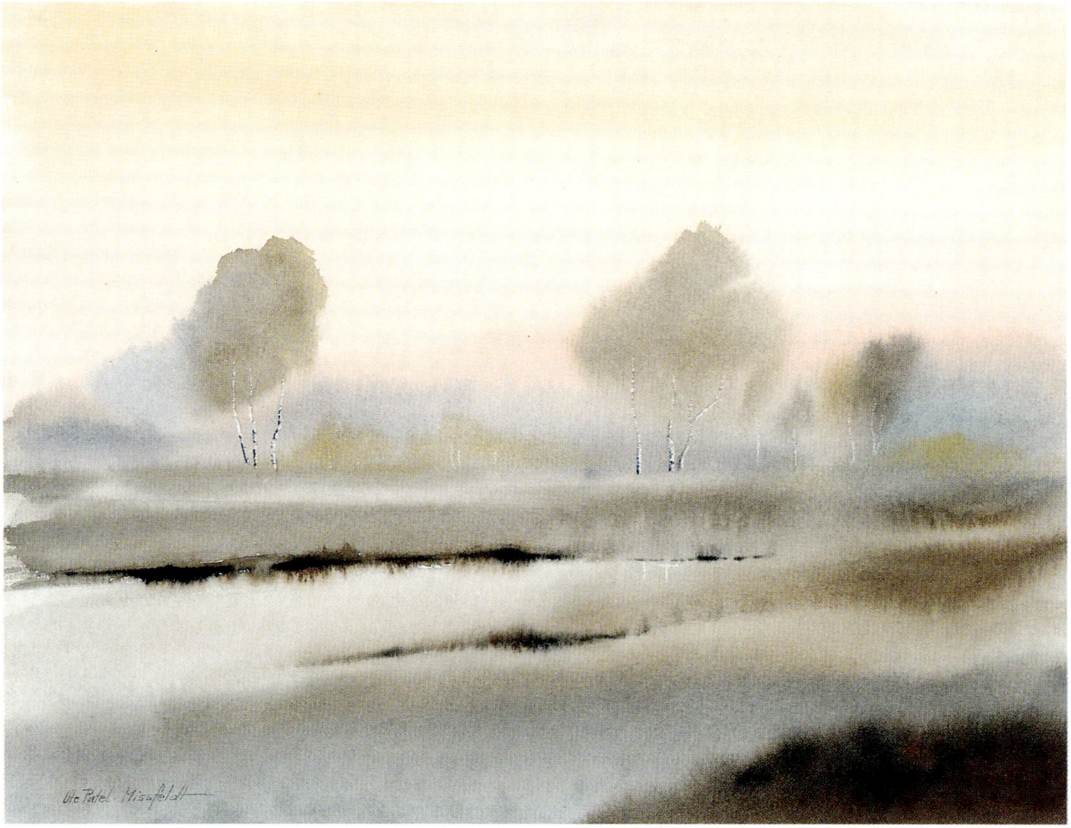

Auch mit mehreren Farben kann eine harmonische Wirkung erzielt werden, ohne daß ein Bild zu bunt wirkt. In diesem Aquarell sind sieben Farben verwendet worden. Ultramarin feinst – Helio Echtorange – Krapplack – Preußischblau – Sepia – Ocker und Paynesgrau.
Die Birkenstämme sind wieder herausgekratzt. Vor dem Malen habe ich das Papier vollständig angefeuchtet.

Auf den nächsten Seiten zeige ich Ihnen als Gegenüberstellung ein Aquarell auf Papier und auf Seide:
Sie werden keinen so großen Unterschied zwischen diesen beiden Bildern sehen, bei dem Papieraquarell sind die Konturen vielleicht ein wenig härter. Es ist auf trockenes, feines Aquarellpapier gemalt.
Die Primeln auf der Seide wirken weicher, da die Farbe auf der Seide doch ein wenig mehr verläuft. Je nach Alkoholmenge werden die Konturen exakter oder fließender. Wenn der Untergrund mit Wasser angefeuchtet gewesen wäre, hätte es ein richtiges Naß-in-Naß-Aquarell ergeben, das ist auch sehr hübsch. Vorgezeichnet wurde in beiden Fällen nicht, es wäre aber möglich. Auf dem Papier könnten Sie den Bleistiftstrich vorsichtig nach dem völligen Trocknen ausradieren und bei der Seide wäscht er sich nach dem Fixieren heraus. Bleistifte der Stärke HB eignen sich sehr gut.

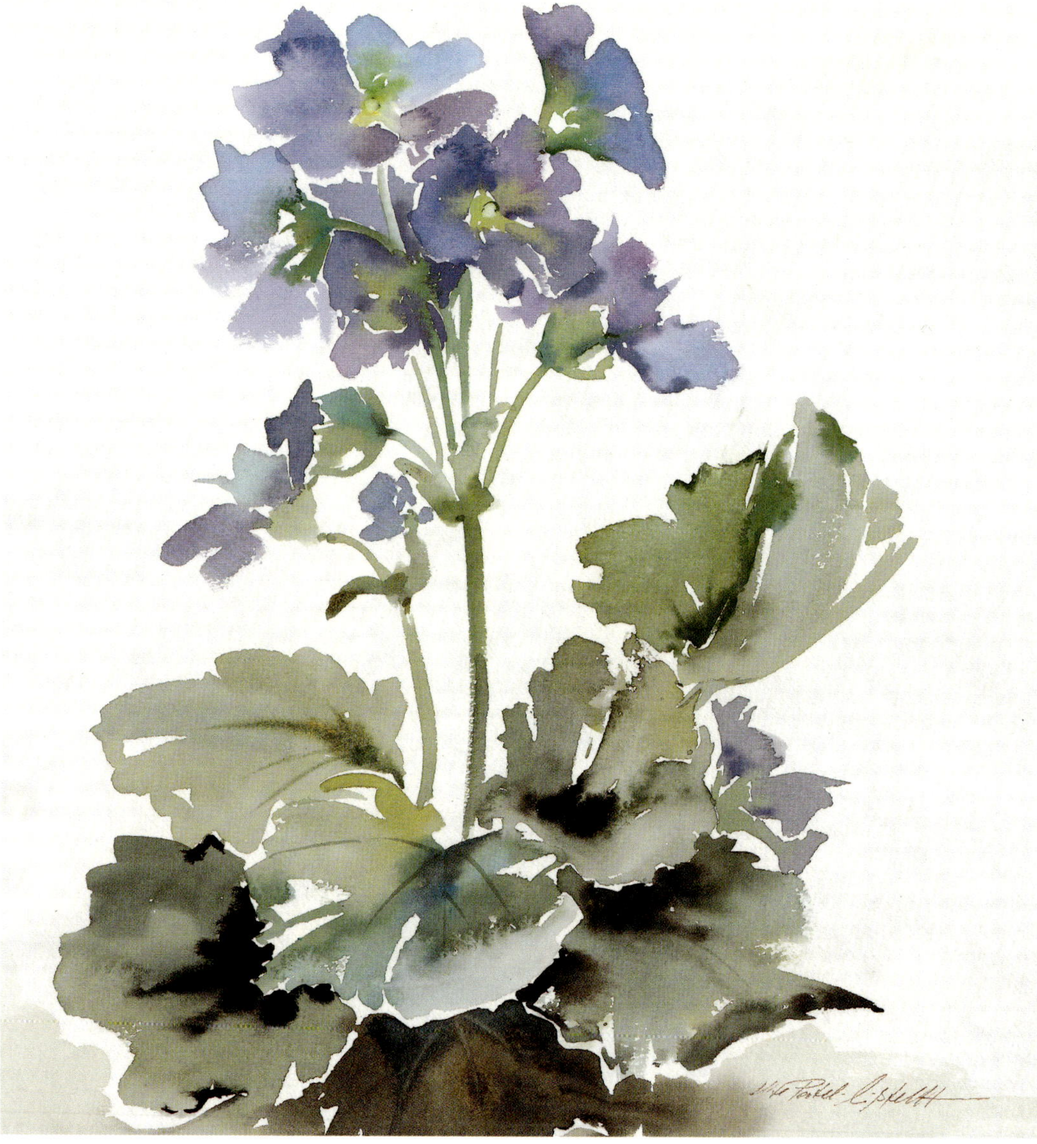

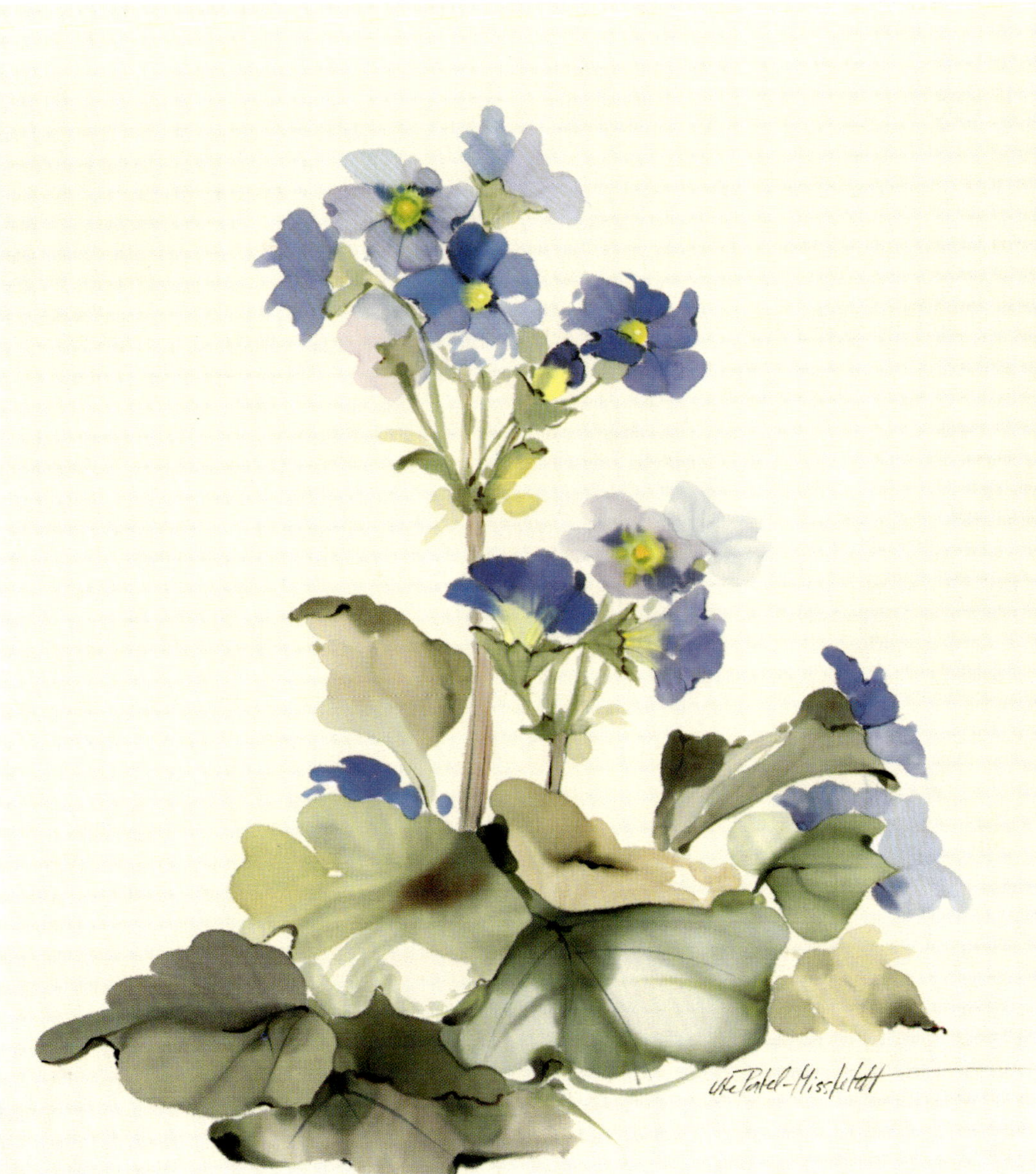

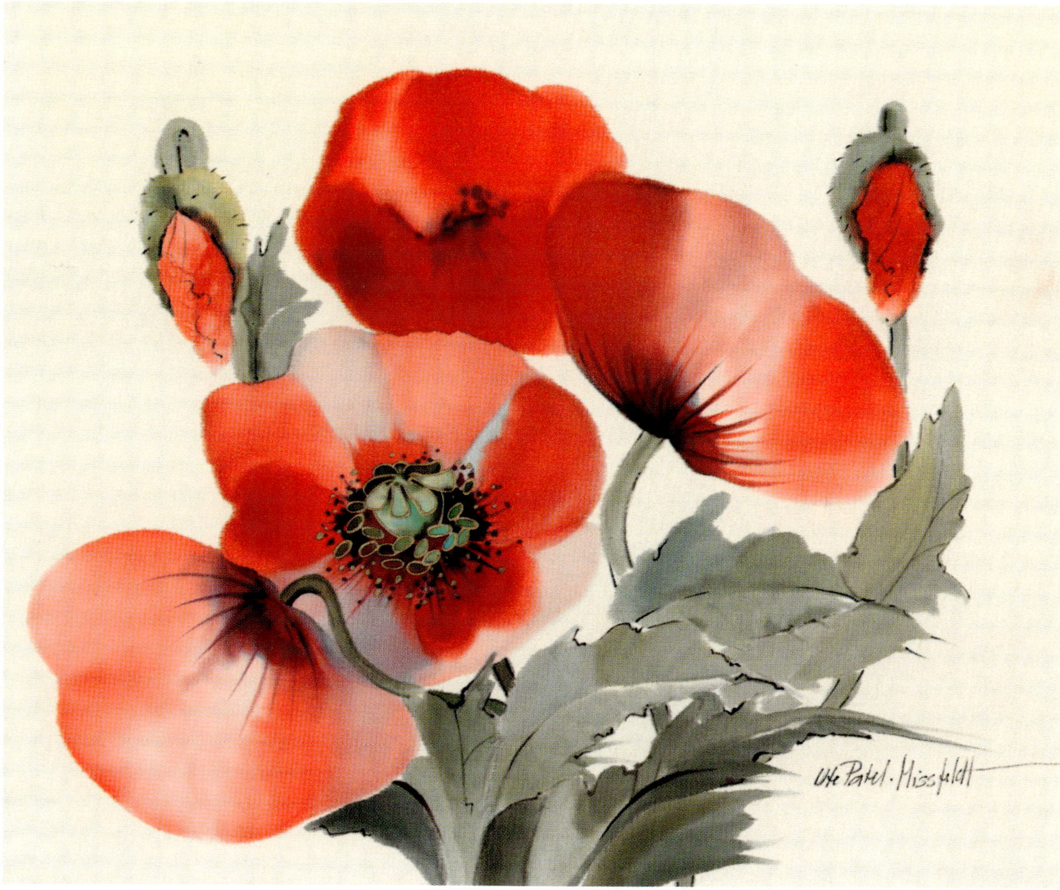

Dieses Aquarell auf Crêpe de chine ist spontaner als die Primeln gemalt. Ich habe die Formen nur entstehen lassen. Setzen Sie den Pinsel auf die Seide und lassen Sie den Stoff die Farbe so lange aufsaugen, bis die Fläche in der gewünschten Größe entstanden ist. Ein kleiner Fleck entsteht, wenn Sie die Seide nur kurz mit Farbe berühren. Je länger der Pinsel mit Farbe auf der Seide liegt, desto größer wird die Fläche. Sie bestimmen also die Größe. Sollte trotzdem zuviel an Farbe auf die Seide gekommen sein, tupfen Sie sofort mit dem Papiertaschentuch ab, der Fleck kann dann nicht größer werden. Hier habe ich einige Staubgefäße und die Samenkapsel mit Konturenfarbe (Javana mit Bronzepulver) umrandet.

Seidenaquarelle

Einführung

Eigentlich müßte ich meine Aquarelle auf Seide „Alkorelle“ nennen, weil ich anstatt mit Wasser mit 50- bis 70-prozentigem Isopropanolalkohol male. Das klingt nun leider nicht sehr hübsch, bleiben wir also lieber bei „Seidenaquarell“.

Oberflächlich betrachtet, d.h. auf den ersten Blick und besonders, wenn sich das Bild hinter Glas befindet, ist nicht sofort zu erkennen, ob es sich um Papier oder um Seide handelt. Die Seidenmalfarben haben die gleichen Eigenschaften wie Aquarellfarben, sie sind transparent. Aufgehellt werden sie mit Alkohol. Sie können natürlich auch mit Wasser malen und aufhellen, aber die Farben werden viel brillanter, wenn sie mit Alkohol verdünnt sind. Werden die Farben pur verwendet, sind sie fast deckend. Sie können nun auf nasser Seide malen und dabei die Farben vollständig ineinander fließen lassen, oder Sie lassen Streifen für Streifen ineinander laufen und erzielen dabei fast denselben Effekt wie beim Aquarell auf Papier. Wie beim Papier kann die weiße Seide stehen bleiben – für besondere Effekte oder zum Beispiel für Lichter. Die Seide bietet zudem den Vorteil, daß Sie die Farbe an Stellen, die weiß sein sollen, wieder herauswaschen können.

Manch einer wird sich fragen: weshalb denn als Material die teure Seide?

Mehrere Antworten, alle mehr oder weniger subjektiv, kann ich dazu geben. Teurer ist die Seidenmalerei kaum, auch Aquarellblöcke und die Aquarellfarben haben einen nicht geringen Preis; es gibt außerdem Seidenmalfarben von sehr guter Qualität, die im Vergleich zu anderen Fabrikaten wesentlich billiger sind. Diese Preisunterschiede findet man bei Aquarellfarben nicht so häufig. Ein Papieraquarell in bester künstlerischer Ausführung verlangt wirkliches Können und auf dem Weg dahin verbraucht man viel Material. Die Seide ist, auch wenn ein Bild nicht gleich gelungen sein sollte, wieder zu verwenden. Sie können – solange die Seide nicht fixiert ist – die Farben auswaschen, das Bild übermalen oder aber die Seide in einem Entfärberbad wieder völlig weiß

bekommen. Die Varianten, Seide zu bemalen, sind unendlich; wo das Papier Grenzen setzt, eröffnet sie immer wieder neue Möglichkeiten.
Die Faszination, die von der Seide ausgeht, ist so unglaublich, daß das Malen auf Seide vielleicht für viele eine Art privater Kunsttherapie sein kann. Die Farben sind unwahrscheinlich schön und weniger empfindlich als Aquarellfarben.

Die alten Chinesen malten ja mit Aquarellfarben auf Seide, das kann auch sehr hübsch sein. Durch unsere fixierte, also auch waschbare Bemalung der Seide ergeben sich – und das ist ein zusätzlicher Anreiz – sehr viele Verwendungsmöglichkeiten. Sie können Seide für Kleider, Stoffe, Schals und viele weitere Dinge bemalen.

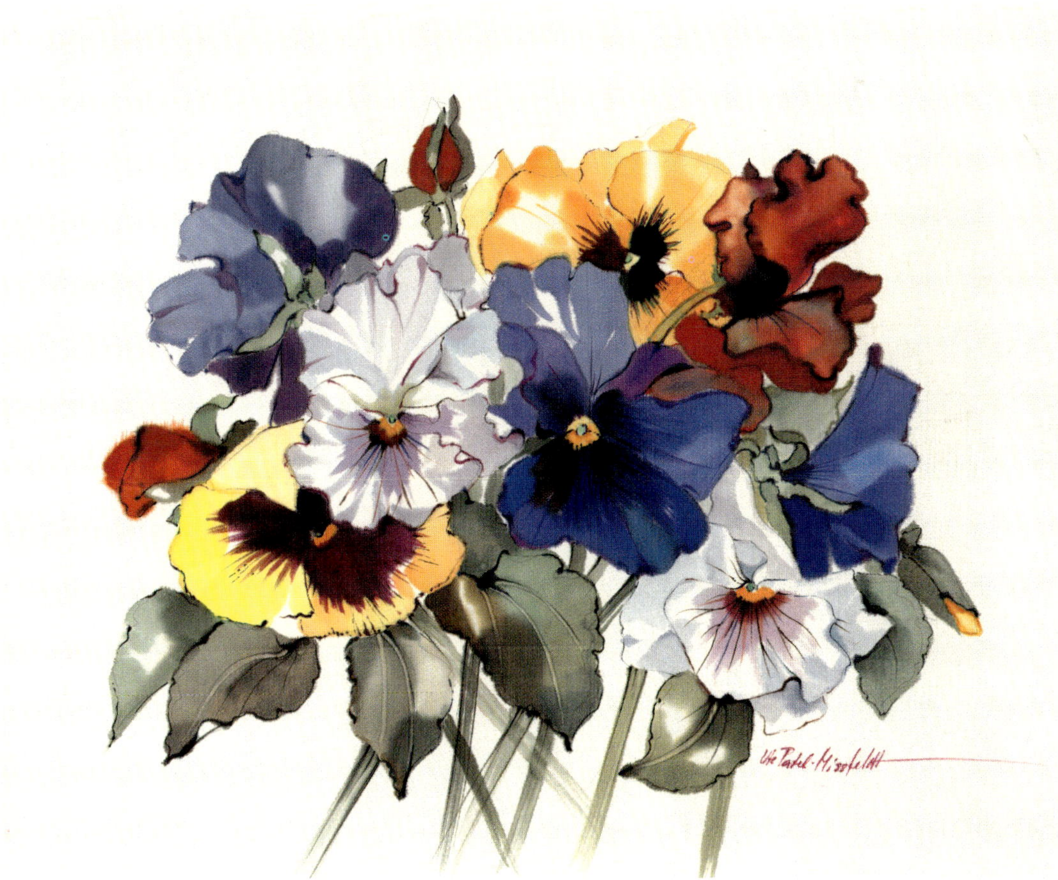

Sie können auch auf Seide naturalistisch malen, also auch ohne Begrenzungslinien. Bei diesem Stiefmütterchenbild wird das sehr deutlich. Ich habe die Stiefmütterchen in ein Gefäß gestellt und so direkt, ohne Konturieren, auf die Seide gemalt. Die Adern in den Blättern sind nach dem Trocknen mit Alkohol ausgewaschen, so entstanden helle Linien. Die zum Teil schwarzen Ränder entstanden aus eingetrockneter und mit wenig Alkohol angelöster Seidenmalfarbe.

Technik

Die Technik des Aufspannens der Seide auf Glas habe ich in meinem Lehrbuch „Malen auf Seide" ganz genau beschrieben, und ich gehe davon aus, daß Sie das nun schon probiert haben. Es ist eine große Erleichterung, ohne Rahmen malen zu können. Sie sitzen also nun, wie beim Papieraquarell, ganz bequem vor Ihrer Seide und können – wie auf dem Papier – ein verlaufendes Naß-in-Naß-Bild oder aber minutiös naturalistisch malen. Das ist dank meiner Technik möglich. Sie brauchen keine Angst mehr vor davonlaufenden Farben zu haben, weil Sie jetzt sofort eingreifen können. Wenn die Farbe dort, wo Sie es gerne hätten, angelangt ist, tupfen Sie mit einem Papiertuch den Farbüberschuß fort, die Farbe bleibt sofort an dieser Stelle stehen. Die feste Unterlage macht es möglich, sie hält dem Druck stand. Ich halte gar nichts von einem Aquarellgrund, der angeboten wird, damit die Farbe nicht so schnell verläuft. Es ist der Sinn eines Aquarells, daß die Farbe verläuft und in unserem Fall können Sie die Farbe an jeder gewünschten Stelle anhalten. Aber Sie sollten auch bei der Seide spontan arbeiten, die schönsten Dinge entstehen oft ganz von selbst, wie beim Papier.

Es muß, wie beim Papier, wenn es ein gutes Bild werden soll, rasch gemalt werden. Da der Alkohol sehr schnell verfliegt, sollten Sie das Konzept entweder im Kopf oder in einer Skizze bereit haben, um ohne Zeitverlust arbeiten zu können. Auf dem Papier liegt das Wasser eine Weile, das ist leider beim Alkohol nicht so. Sie können aber mit einem kleinen Schuß Wasser in den Alkohol das Trocknen hinauszögern, so dürfen Sie ein wenig länger malen. Achten Sie darauf, daß der Klebestreifen nicht feucht wird, die Seide löst sich sonst von der Platte und wird wellig. Ich lasse immer einen Rand von ca. einem Zentimeter; die Farbe läuft dann bis an den Streifen, aber nicht darunter. Löst sich dennoch das Klebeband, müssen Sie warten, bis die Seide trocken ist und sie mit dem gleichen Streifen neu festkleben. Sollte ein Bild zu dunkel, zu leuchtend oder zu hart in den Konturen geworden sein, gießen Sie einfach Alkohol darüber und lassen es selbständig verlaufen, das sieht ganz zauberhaft aus. Bei zu dunklen Farben legen Sie auf das nun nasse

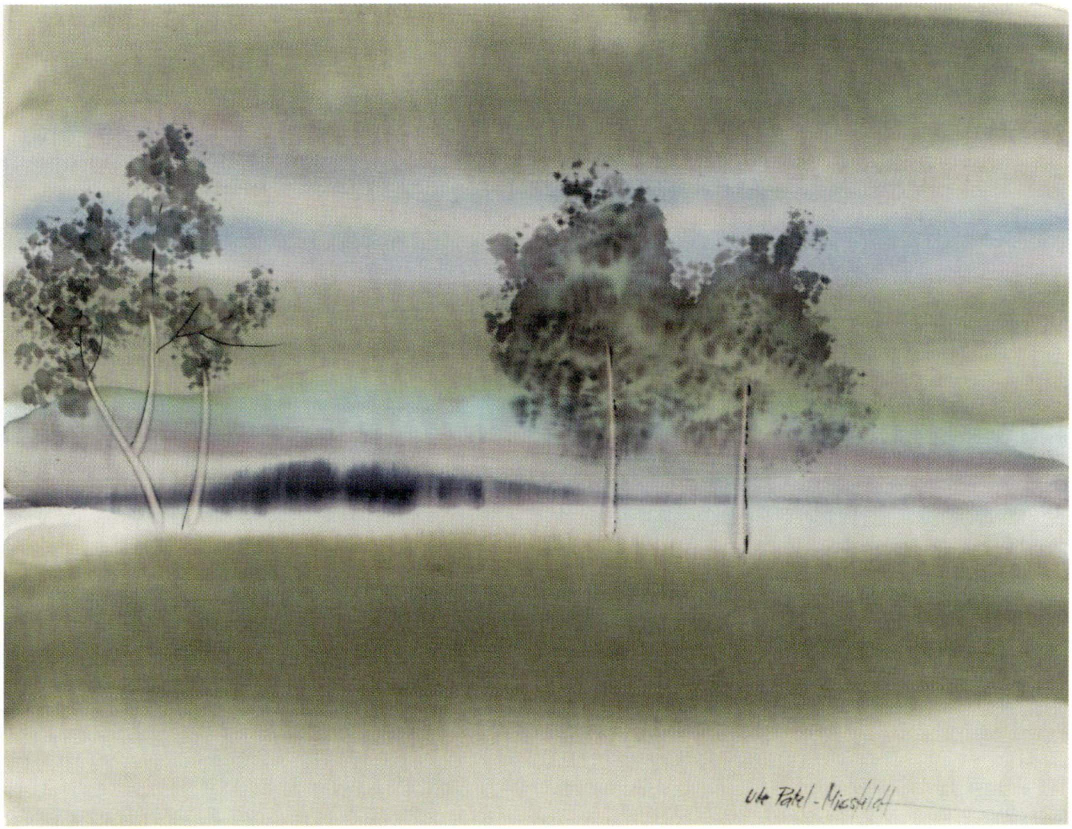

Bild ganz sanft Papiertücher, die saugen den Farbüberschuß auf. Falls es nicht schön wird, können Sie während des Trocknungsprozesses oder danach hineinmalen. Verderben läßt sich die schöne Seide nicht.
Malen Sie auch bei Seidenaquarellen mit möglichst dicken Pinseln, so können Sie spontaner arbeiten.
Ich benutze nie einen Fön beim Malen, erstens würde es mich nervös machen, wenn neben herrlicher Bach-Musik ein Fön heulte, und zweitens brauche ich ihn bei meiner Technik auch nicht, es trocknet ja alles sehr rasch.

Auswaschtechnik

Eine weitere Möglichkeit, die uns in dieser Form nur die Seide bietet, ist das Auswaschen. Nehmen wir an, Sie haben ein Aquarell oder Blumen, ein Porträt oder ein Stilleben gemalt. Nun hätten Sie gerne Lichter oder einen weißen Nebelstreifen, einen Mond oder Birkenstämme in Ihrem Bild. Mit einem mit Alkohol angefeuchteten Pinsel können Sie aus dem trockenen Bild herauswaschen, was Sie möchten. Tragen Sie den Alkohol zügig auf und tupfen ihn sofort wieder ab, damit die Linie sehr zart bleibt. Auf diese Weise können Sie auch ganze Muster herauswaschen. Gehen Sie so oft mit dem Alkohol über die Seide, bis zum Beispiel die Birkenstämme wieder weiß geworden sind.
Das Bild mit den Weintrauben zeigt Ihnen ein Beispiel für eine spezielle Auswaschtechnik. Die gesamte Seide wird mit einer Farbe eingefärbt. Hier eignen sich besonders ein neutrales Graublau oder Graubraun. Verwenden Sie möglichst keine roten Farben, die Rottöne lassen sich meistens nicht vollständig entfernen – es bleibt ein rosa Schimmer, der aber je nach Motiv auch sehr hübsch sein kann. Mischen Sie also in einer plastikbeschichteten Pappschale eine größere Menge einer dunkleren Farbe. Achten Sie darauf, daß die Farbe ausreicht, ein Nachmischen ist nie im gleichen Ton möglich. Bemalen Sie jetzt das gesamte Seidenstück und lassen Sie es trocknen.

Nach dem Trocknen habe ich bei diesem Bild zwei Techniken angewendet. Ich habe die Trauben mit Konturen versehen, um eine ganz klare Abgrenzung zu erhalten und die Blätter frei herausgewaschen. Danach habe ich die Trauben mit Blau- und Lilatönen ausgemalt, ganz ohne Licht und Schatten. Als sie trocken waren, wurden sie herausgewaschen, entweder nur mit Alkohol, oder auch mit Farbe, das ergibt hübsche Nuancen. Nun kamen die Blätter und Ranken an die Reihe, auch sie habe ich ohne Konturen gemalt, einfach nur mit Alkohol ausgewaschen. Der dunkle Rand entsteht durch die Anschwemmung der Pigmente an den Rand und ergibt so automatisch Schatten. Ich benutze kaum noch Papiertücher, da ich inzwischen genau die Alkoholmenge und die Pinselgröße einschätzen kann. Bei dieser Art des Malens erhalten sie Farben, die Sie nicht oder kaum mischen können; mir gefallen die morbiden Töne besonders gut.

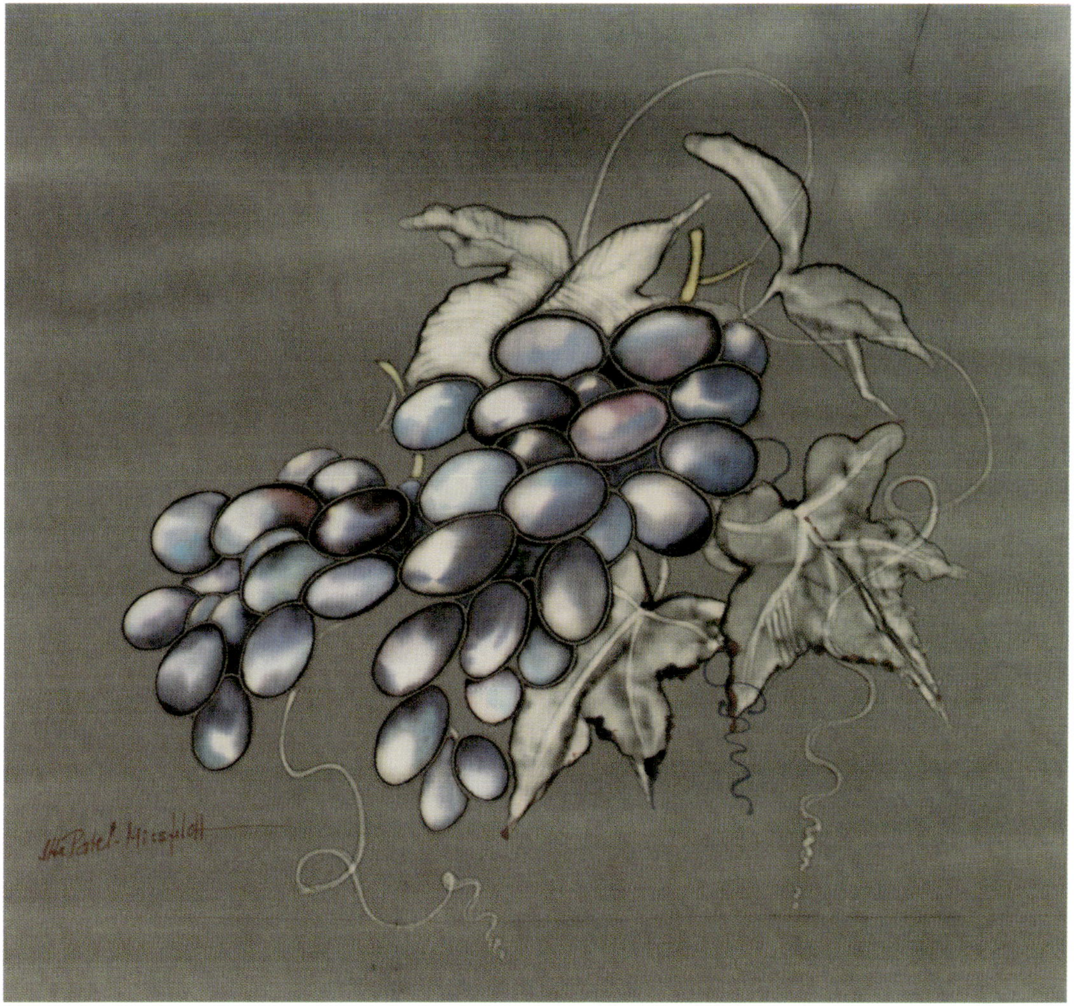

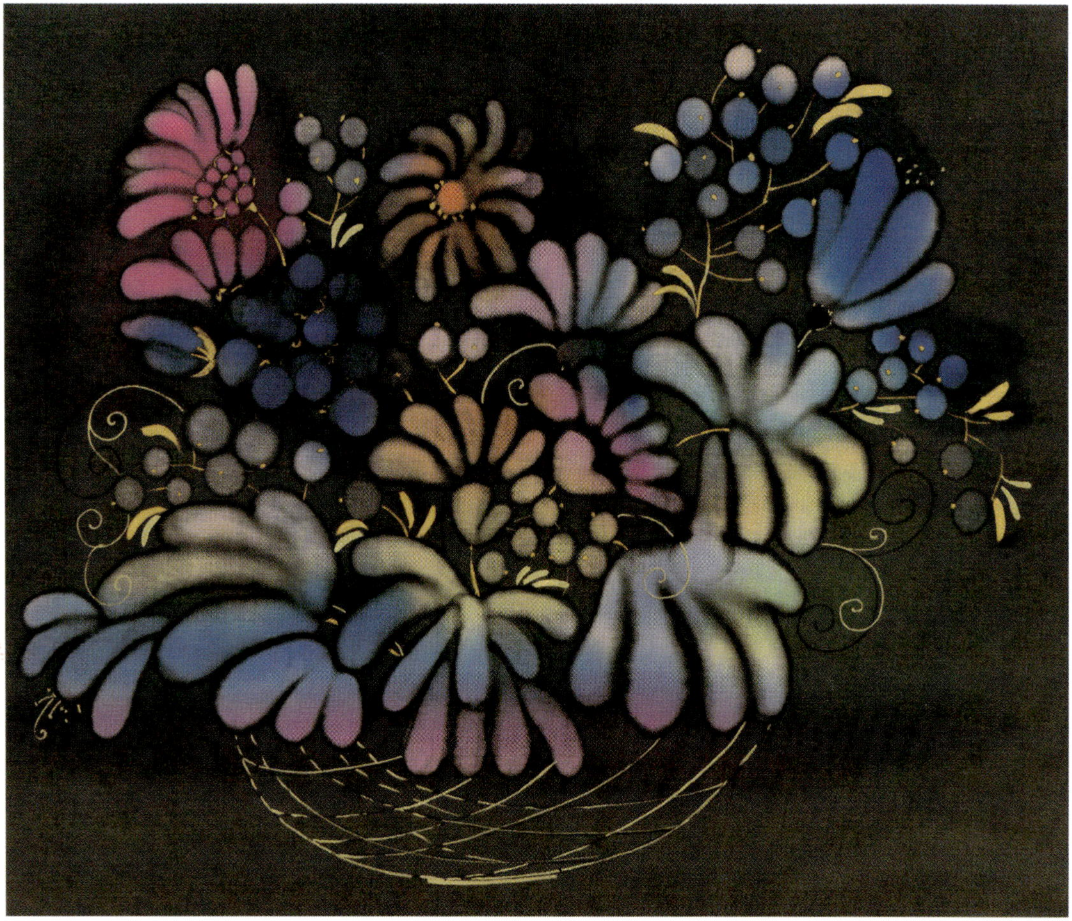

Hier habe ich den Untergrund bunt bemalt und dampffixiert.
Danach überdeckte ich die nun farbige Seide mit einem Grauschwarz und ließ sie trocknen. Jetzt konnte ich mit Alkohol die Motive herauswaschen. Die farbige Seide kommt wieder zum Vorschein und es ergeben sich dabei hübsche Überraschungseffekte. Der Untergrund löst sich nicht wieder auf, weil die bunt bemalte Seide ja fixiert wurde.

Noch eine Variante des Auswaschens habe ich ausprobiert: die Sgraffito-Technik.

Das ist eine italienische Technik, die schon im Mittelalter und besonders in der Renaissance bei der Wand- und Fassadenmalerei angewendet wurde. Man legte zwei bis drei farbige Putzschichten übereinander und kratzte in unterschiedlichen Tiefen den Putz heraus, so entstanden sehr hübsche Bilder.

In den Schulen wird es manchmal noch mit verschiedenfarbigen Wachsschichten ausgeübt, in meinem Unterricht waren die Schüler davon sehr begeistert.

Sgraffito auf Seide wird nicht gekratzt, sondern gewaschen.

Sie bemalen einen Seidenuntergrund in hübschen Farben, vielleicht Rosa-Orangetöne. Jetzt müssen Sie die Seide erst einmal dampffixieren, bügeln und gut aufspannen. Nun übermalen Sie Ihre gesamte farbige Fläche mit einer Farbe, die nicht so bunt sein sollte, ich empfehle ein Graubraun oder schwarz-blaue Töne. Lassen Sie die Fläche trocknen und waschen Sie nun mit Alkohol ein Muster oder eine Landschaft heraus. Da der Untergrund dampffixiert ist und sich demzufolge nicht auflöst, kommen die Farben wieder zum Vorschein. Das kann sehr hübsch aussehen. Zum Schluß müssen Sie das ganze Bild wieder dampffixieren.

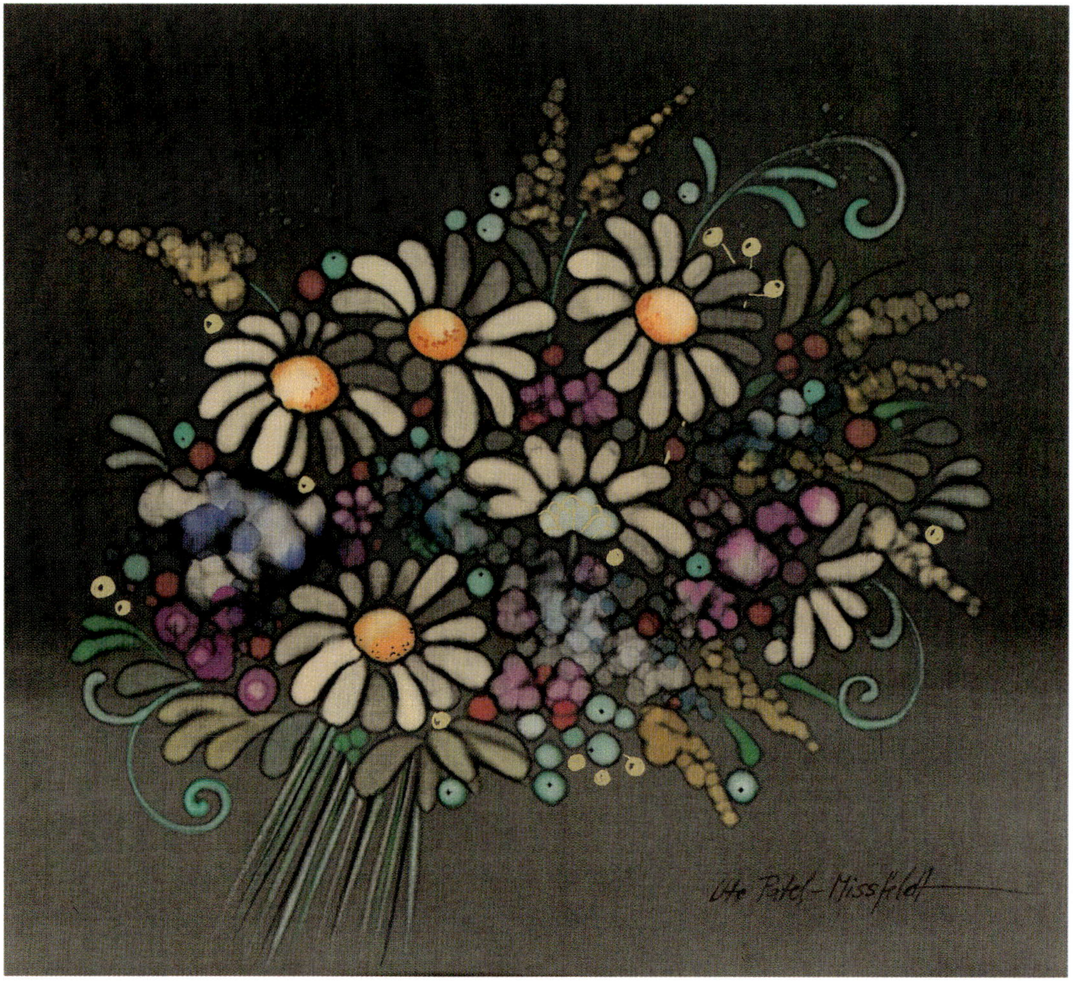

Mit der Auswaschtechnik kann man unwahrscheinlich viele Dinge malen. Hier habe ich die gesamte Seide einfarbig bemalt und am unteren Rand die Farbe ein wenig heller werden lassen. Dann ließ ich die Seide trocknen und konnte nun mit Alkohol die einzelnen Blüten, Beeren oder Linien ausgewaschen. Die Margeritenblätter sind unterschiedlich hell gewaschen, denn die Seide wird um so heller, je häufiger Sie mit Alkohol über die Stelle gehen. In die nun fast weißen Stellen habe ich dann zarte Farbe eingesetzt, gelb, orange, türkis, blau, rosa usw. Goldbeeren kamen ganz zum Schluß in den Strauß.

Pappteller

Meine Seidenmalfarben gieße ich immer auf plastikbeschichtete, rechteckige Pappteller und lasse sie völlig eintrocknen. Ich gehe in meinen Büchern dabei immer nur von dampffixierbaren Farben aus, doch nicht alle Fabrikate trocknen gleich gut. Nach wie vor male ich mit Dupont und Princecolor, neuerdings auch mit Seidicolor. Seidicolor hat den Nachteil, daß die Farbe zwar gut eintrocknet, dabei aber blättrig wird und nur mit Wasser wieder angelöst werden kann. Danach läßt sie sich allerdings mit Alkohol malen. Es ist eine sehr schöne, brillante und kräftige Farbe.

Das Arbeiten mit den Papptellern hat viele Vorteile: Erstens kann Ihnen nie eine Flasche umfallen, zweitens haben Sie, wenn Sie die Farben mit Alkohol anlösen, sofort das tiefste Schwarz, das leuchtendste Blau usw. Das Wichtigste ist, daß Sie auf dem Pappteller sofort sehen, was Sie gemischt haben, genau wie Sie die Aquarellfarben auf dem Porzellanteller mischen und sehen können.

Nun können Sie ganz individuell Ihre Farben zusammenstellen, und zwar in kürzester Zeit, während des Malens. Sie brauchen nicht in Gläser, Töpfe und Flaschen schauen, welcher Ton wo ist, soviel Zeit läßt Ihnen das Aquarell gar nicht. Alle Teller stehen um Sie herum und während Sie malen, mischen Sie wie bei einem Papieraquarell, leichter geht's wirklich nicht. Ich lasse auch, entgegen der Ratschläge aller Lehrbücher, alle meine Farbflaschen offen stehen, damit der Alkohol verdunstet. So bin ich in der Lage, mit der getrockneten Seidenmalfarbe haarfeine Linien zu malen. Schauen Sie sich, wenn keine Idee für ein Bild kommen will, nur einmal die schönen bunten Teller an, da fällt Ihnen bestimmt sofort etwas ein.

Ein Nachteil der eingetrockneten Farben ist, daß Sie zwei Lagen Papier zum Fixieren benutzen müssen. Es kann auch vorkommen, daß einige Farben, wenn sie zu konzentriert waren, beim Waschen ausbluten. Spülen Sie deshalb die Seide in Essigwasser nach, legen Sie die nasse Malerei nicht aufeinander und fixieren Sie ein wenig länger, am besten 2 1/2 Stunden.

Einbügelbare Farbe

Ich möchte Ihnen als Ergänzung nun noch einige Informationen über einbügelbare Farbe geben. Zum Beispiel die Farben von Javana (Fa. Kreul), die ich erneut ausprobierte, haben sich im Vergleich zu den früheren Farben sehr verbessert. Ich schreibe Ihnen nun einmal die Vor- und Nachteile auf. Dabei beginne ich mit dem Vorteilen, dann ist es wie im Leben auch, die Nachteile erscheinen nicht mehr so gravierend.

Das Dampffixieren, das für viele Maler unverständlicherweise so schrecklich ist, entfällt. Die Farbe läßt sich durch das Bügeln fixieren. Sie können demzufolge schon fertige Kleidungsstücke, die ja nicht dampffixiert werden können, weil man sie nicht auf eine Rolle wickeln kann, bemalen. Die Farbe färbt auch nicht ab, wenn die bemalten Stücke nach der Wäsche aufeinander liegen, das passiert bei der üblichen Seidenmalfarbe ab und zu. Wenn es ganz rasch gehen soll und ich sowieso nur zarte Farben möchte, benutze ich diese Farben. Ich verdünne sie allerdings nicht mit Wasser, sondern mit Alkohol und zwar aus folgendem Grund:

Ein Nachteil dieser Farben ist, daß sie in der Regel wie ein Film auf der Oberfläche der Seide liegen, das bedeutet, daß die Rückseite der Malerei nicht so farbig ist wie die bemalte Seite. Verdünnen Sie die Farbe aber mit Alkohol, dringt sie in die Faser ein und färbt die Seide auf beiden Seiten.

Die einbügelbaren Farben werden aber nie so glänzend und leuchtend wie die dampffixierbaren. Ein tiefes Schwarz zum Beispiel läßt sich mit ihnen nicht erzielen. Die Seide wird durch die Bemalung fester und verliert ihren fließenden Charakter ein wenig. Man kann die Farbe, wenn sie erst einmal auf dem Teller angetrocknet ist, nicht wieder auflösen – das bedeutet, daß die Reste nicht wiederzuverwenden sind und in den Müll kommen.

Auch Auswaschungen sind nach dem Trocknen der Farbe nicht mehr möglich, Sie müssen also vorher planen, wohin Sie den Mond, die Birkenstämme oder Wolken haben wollen. Das Blumensträußchen in lila habe ich mit Javanafarben gemalt und es ist – glaube ich – ganz hübsch geworden. Das Resultat: für manche Dinge ist die einbügelbare Farbe ganz brauchbar.

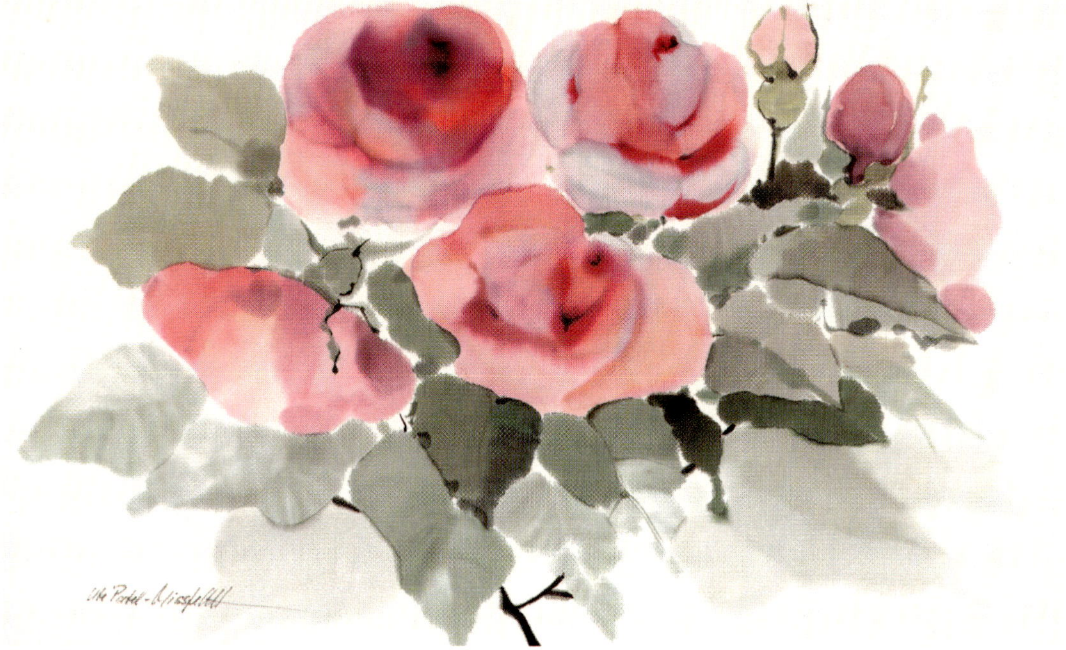

Ein rasch gemaltes Rosenbild ohne Vorzeichnen und Konturieren. Ich habe hier vier Farben verwendet: Schwarz, Blau, Braun und Rot.

Skizzen

Über die Skizzen habe ich schon im ersten Teil dieses Buches einiges geschrieben. Hier also nur kurz die Besonderheiten beim Seidenaquarell.
Machen Sie sich bei einem Seidenbild oder Aquarell ruhig eine Skizze in Originalgröße auf Papier. So können Sie noch korrigieren und radieren, auf der Seide gäbe das einen matten Fleck. Ihre Zeichnung legen Sie nun unter die Seide. Zeichnen Sie mit einem normalen Bleistift der Stärke HB nur die wichtigsten Umrisse ganz zart auf die Seide: keine Schatten, keine Linien, die Sie auch vom Skizzenblatt abschauen können. Ziehen Sie die Skizze wieder unter der Seide hervor, kleben Sie die vierte Seite fest und nun können Sie mit dem Malen beginnen. Nach dem Fixieren kann der Bleistiftstrich herausgewaschen werden, falls er Sie stört.

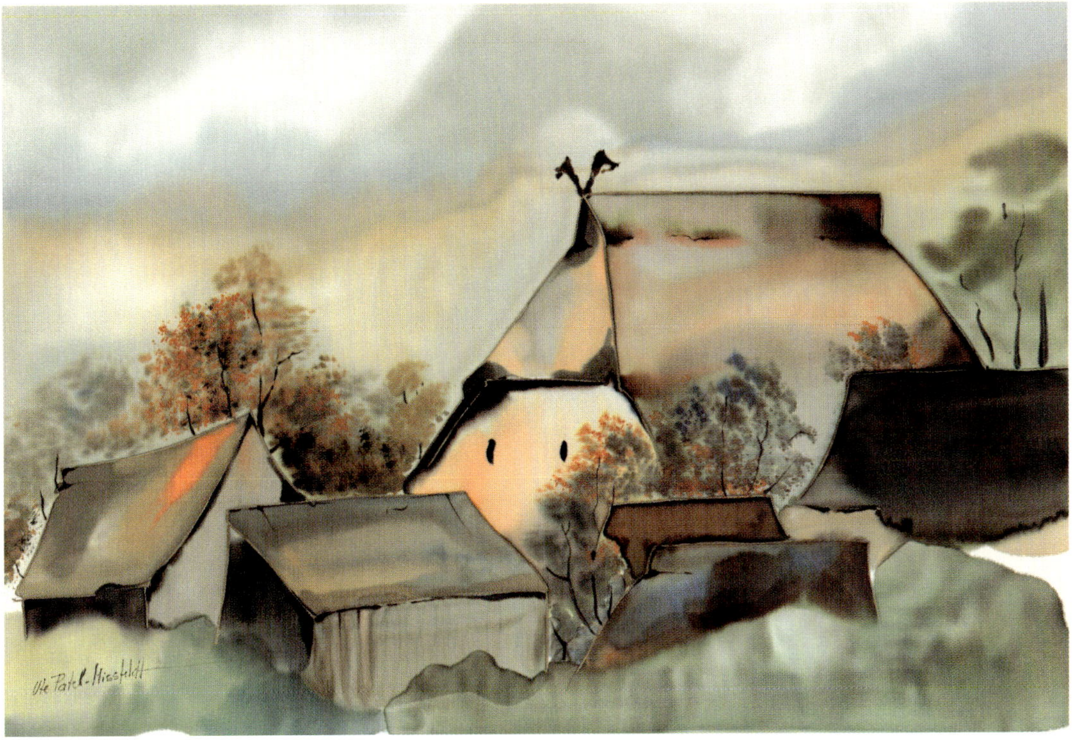

Immer wieder lehre ich meine Schüler, die Linien um die Häuser herum irgendwo offen zu lassen, damit die Bilder natürlicher, spontaner erscheinen. Die Farbe läuft dann an diesen Stellen heraus oder hinein, und dadurch wird die Starrheit der Begrenzung abgemildert. Bei dieser Häusergruppe habe ich so gehandelt und nur einige Linien umrandet. Die Büsche am unteren Rand des Bildes verlaufen in die darüber stehenden Häuser und in den Giebel des großen Hauses läuft die Farbe, weil ich die Linie nicht bis an den Dachrand gezogen habe. Bäume und Büsche sind auf die trockene Seide getupft. Die Bäume rechts hinter dem großen Haus sind in die noch nasse Seide gemalt und verlaufen damit weich. Das Bild entstand auf Pongé 8 mit Dupont-Farben.

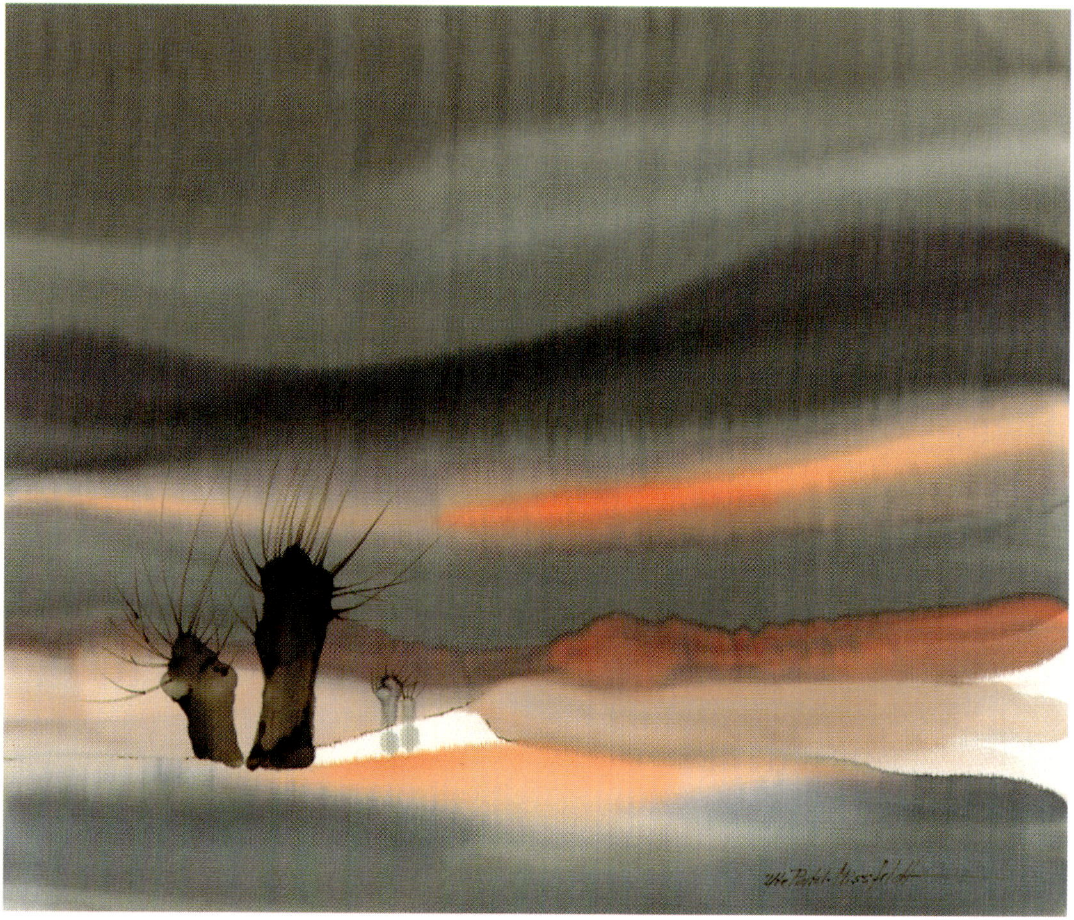

Diese sehr stille Landschaft ist auf trockener Seide naß-in-naß gemalt. Ich habe hier die Farbe Streifen für Streifen aneinander gesetzt, bis auf die weißen Stellen, die ausgespart wurden. Die Weiden habe ich in die schon fertig gemalte Landschaft gesetzt.

Aufspannen von Bildern zum Einrahmen

Immer wieder werde ich gefragt, wie ich meine Bilder zum Rahmen aufspanne. Mit einem Klebeband (das ich auch beim Aufkleben auf die Glasplatte benutze) befestige ich die Seide auf einer kaschierten Schaumstoffplatte („Kapa-Line", Fa. Kohlschein). Auf das Klebeband gebe ich Klebstoff und darüber kommt ein Passepartout. Ich kaschiere die Seide nicht auf Klebefolie. Bei meiner Methode kann ich sie jederzeit abnehmen und waschen. Da ich die Seidenbilder selten hinter Glas habe, ist das manchmal nötig. Außerdem traue ich der Klebefolie nicht recht; trotz der Versicherung des Herstellers, der Kleber der Folie schlage nicht durch die Seide, bin ich da nicht so sicher, so viel Erfahrung konnte noch nicht gesammelt werden.

Konturen

Auch mit abgegrenzten, konturierten Flächen ist ein Bild auf Seide mit der transparenten Seidenmalfarbe ein Aquarell. Es ist dann innerhalb der Begrenzung naß-in-naß oder aber wie ein trocken gemaltes Aquarell zu malen.
Da auch ich versuche, nicht stehen zu bleiben und meine Technik immer weiter zu entwickeln, habe ich nun eine sehr gute Art des Konturierens herausgefunden. An befriedigenden Abgrenzungslinien scheitern ja die meisten Seidenmaler. So ist man ständig auf der Suche und da fand ich nun folgendes: Es gibt von Javana ein Konturenmittel in verschiedenen Farben. Das Mittel ist pur gedacht, aber so nicht optimal mit dem Pinsel zu verwenden. Deshalb verdünne ich einige Tropfen davon mit Wasser in einem Flaschenverschluß so, daß ich eine feine Linie mit dem Pinsel Jaxhair Nr. 2/0 malen kann. Um ein wunderbares Gold zu erhalten, mache ich folgendes: Die gleiche Firma bietet Gold- und Silberpulver an, das ursprünglich für Knetmassearbeit gedacht ist. Diese Pulver können Sie mit dem Konturenmittel mischen und erhalten so ein herrliches Gold oder Silber. Ein Nachteil dabei ist, daß es nach dem Dampffixieren manchmal nachdunkelt. Aber Sie können, wenn Sie eine leuchtende Goldlinie wünschen, später darüber malen und es dann einbügeln. Da Sie so feinste Linien malen können, die, wenn die Seide wirklich fest gespannt ist, auch undurchlässig sind, kleben sie nicht beim Bügeln.
Sonst verwende ich als Konturenmittel nach wie vor Deka Perlweiß metallic, mit dem ich – wie in meinem Buch „Blüten auf Seide“ beschrieben – farbige Konturen mische.

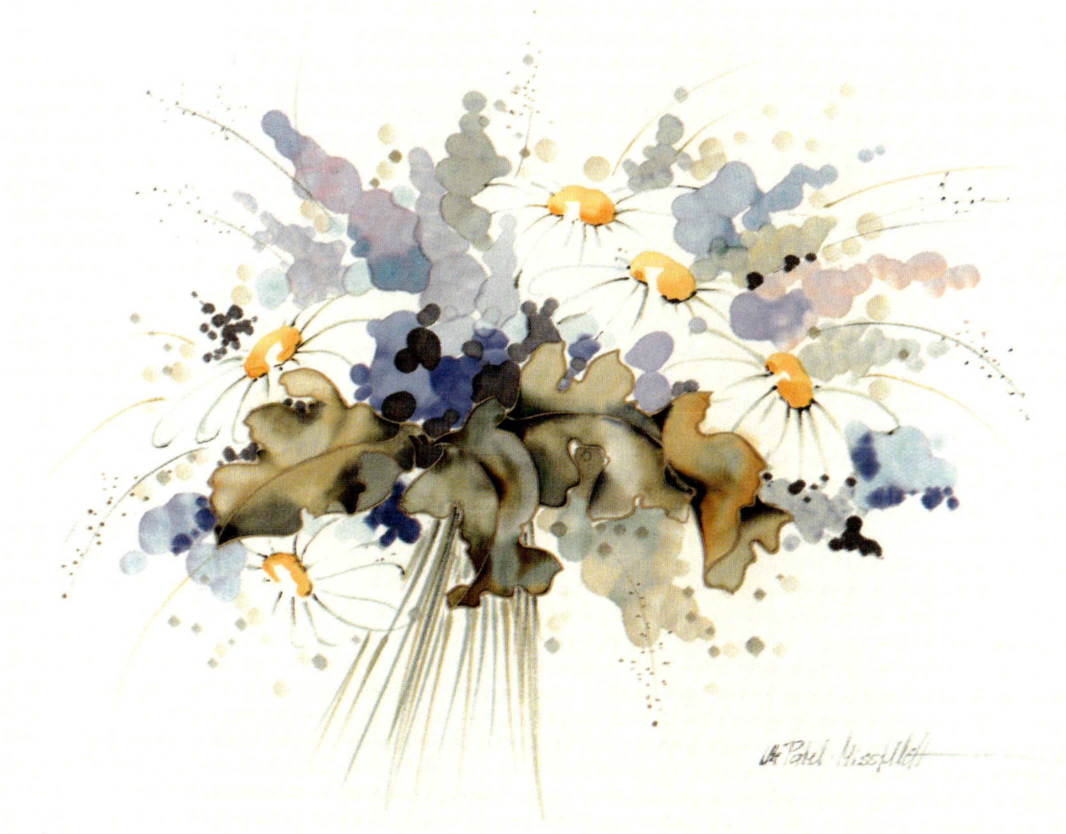

Auch wenn Sie einige Partien umranden wie ich hier bei den Blättern, ist es ein Aquarell, denn innerhalb der Umrandung malen Sie ja auch naß-in-naß. Ganz rasch habe ich dann die Blumen hinter die Blätter gemalt und so sieht es doch aus wie ein zartes Aquarell. (Pongé 8)

Mit einem dicken Pinsel Nr. 18 ist dieses Aquarell rasch gemalt. Die weißen Stellen sind nur mit Alkohol angefeuchtet.
Beginnen Sie oben links mit einem Farbgemisch aus Schwarz und Orange. Den Pinsel ausspülen, mit Alkohol die oberste helle Stelle anfeuchten. Ein wenig Orange in die noch vorhandene Farbe mischen, einen unregelmäßigen Streifen malen. Wieder mit dem sauberen Pinsel Alkohol auf die weiße Seide setzen. Unter den weißen Streifen die gleiche Farbe des dunklen Himmels mit ein wenig Schwarz setzen. Links Orange mit Braun eintupfen, einen Hauch Rosa von links nach rechts mit immer noch breitem Pinsel ziehen. Unter das Orange links die Himmelfarbe mit ein wenig Alkohol malen, nach rechts Orange, Braun und Schwarz nebeneinander setzen. Einen sauberen breiten Alkoholstreifen malen. Nach unten Rot mit Schwarz und die Himmelfarbe setzen. Das läuft nun weich in den Alkoholstreifen hinein. Warten, bis das gesamte Bild fast trocken ist und dann die Bäume mit sehr konzentrierter Farbe einsetzen, den Mond und die Sterne mit Alkohol (Pinsel Nr.0) auswaschen: und nun ist es hoffentlich schön geworden.

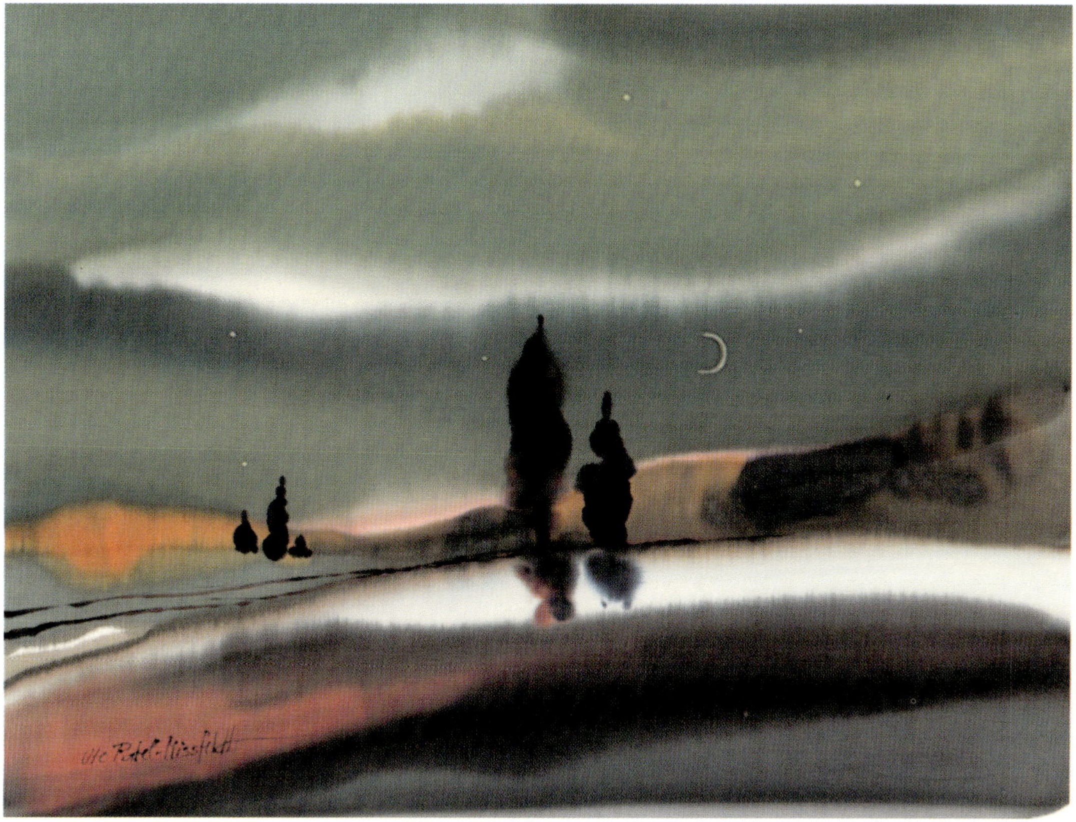

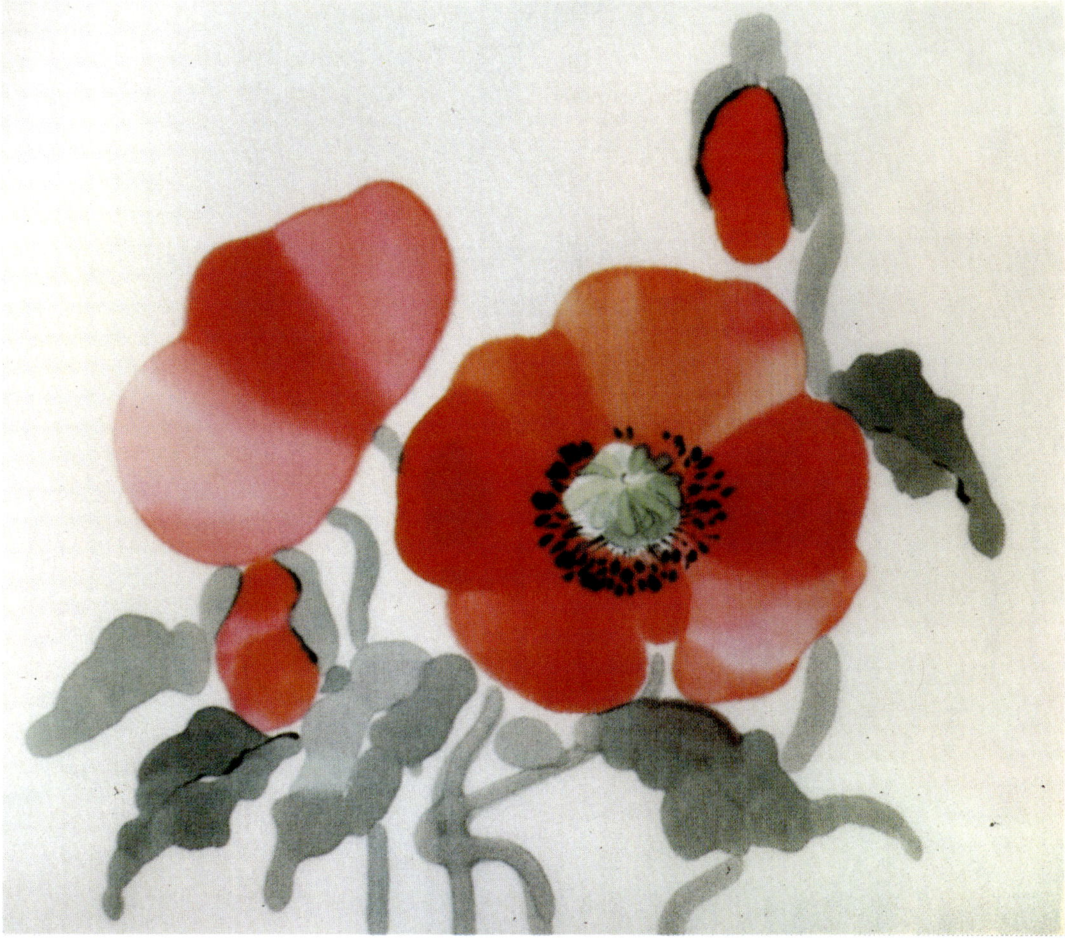

Hintergrund bei einem Motiv ohne Konturen

Ohne Begrenzung, wie auf dem Aquarellpapier verlaufend habe ich hier den Mohn auf der Seide entstehen lassen.
Zuerst wird die Kapsel gemalt und rundherum entstehen die roten Blütenblätter – frei verlaufend und ohne großes Nachdenken. Nachdem die Farbe getrocknet ist, können Sie den Hintergrund malen. Die Gefahr, daß er Ihnen in die Mohnblüten hineinläuft, ist natürlich gegeben, aber dank des festen Untergrunds können Sie die Farbe anhalten. Wenn Sie ein

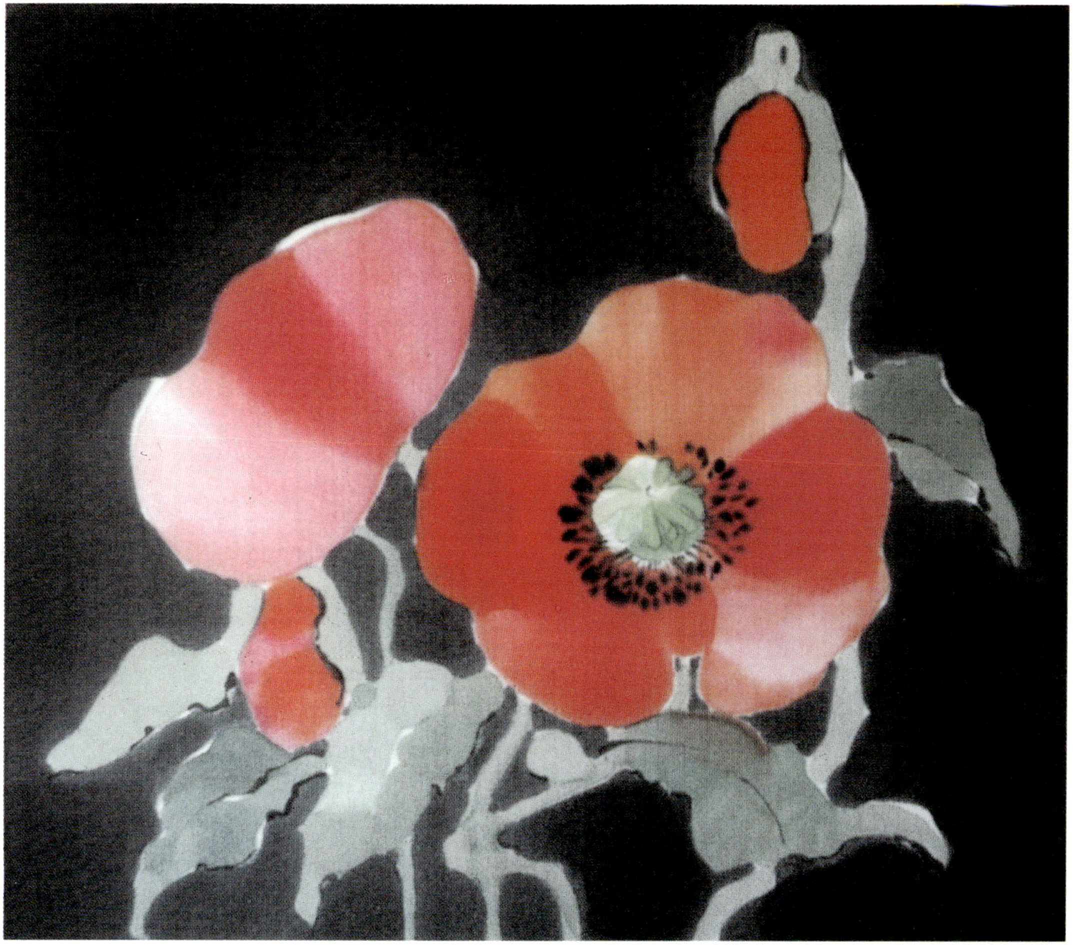

wenig aufpassen, von außen nach innen malen, immer einen Abstand zur Blüte lassen und sofort mit dem Papiertuch eingreifen, können Sie auch ohne Konturen einen Hintergrund malen.

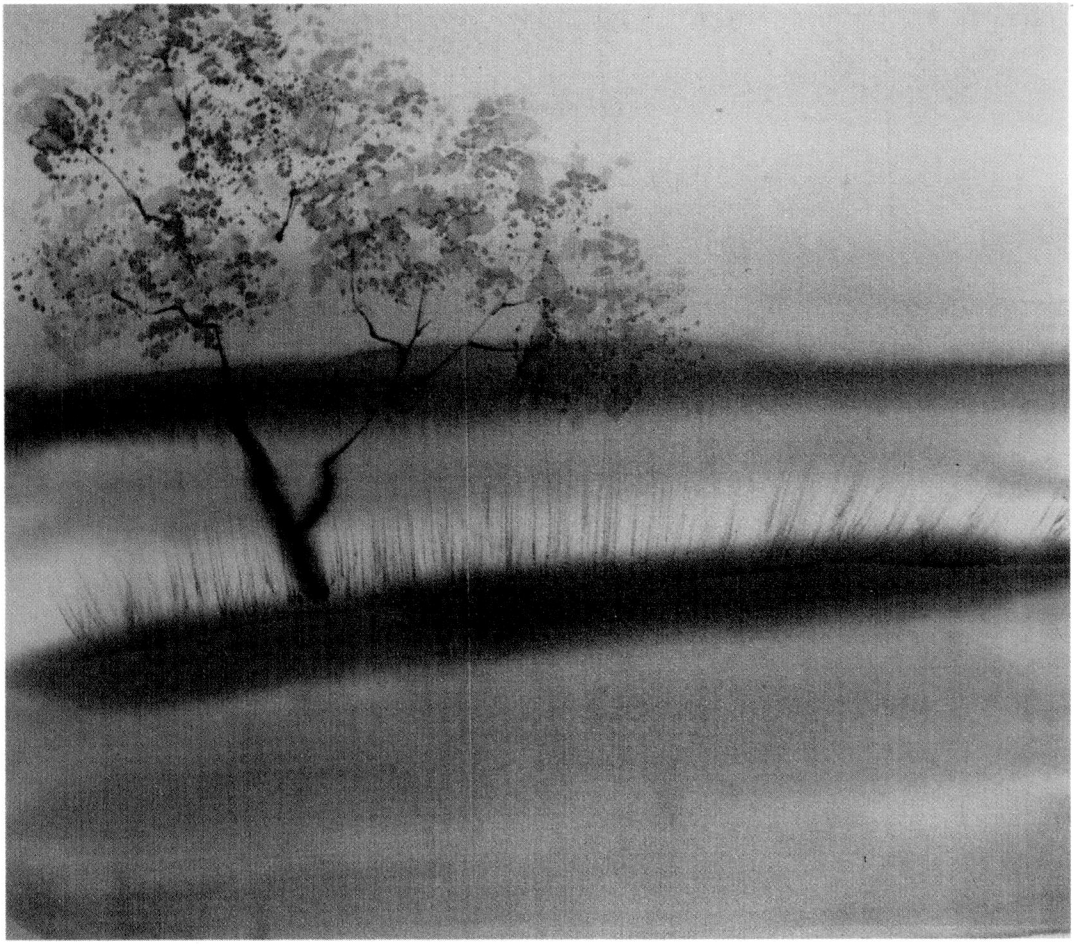

Das Übermalen der Seide

Mit mehreren Farben habe ich ein Aquarell gemalt. Zuerst den Himmel, den Hintergrund, den Vordergrund, dann habe ich auf die nun trockene Seide mit mehreren Farben den Baum aufgetupft. Dazu spreizen Sie den Pinsel, halten ihn senkrecht, nehmen damit die Farbe mit wenig Alkohol vom Teller auf und tupfen ganz zart auf die Seide. Mehrmals mit verschiedenen Farben wiederholen, dann den Stamm und die Zweige malen. Nun zuerst viel Farbe mit wenig Alkohol auf einen dicken Pinsel nehmen, jetzt erst spreizen, den Pinsel ganz leicht auf die

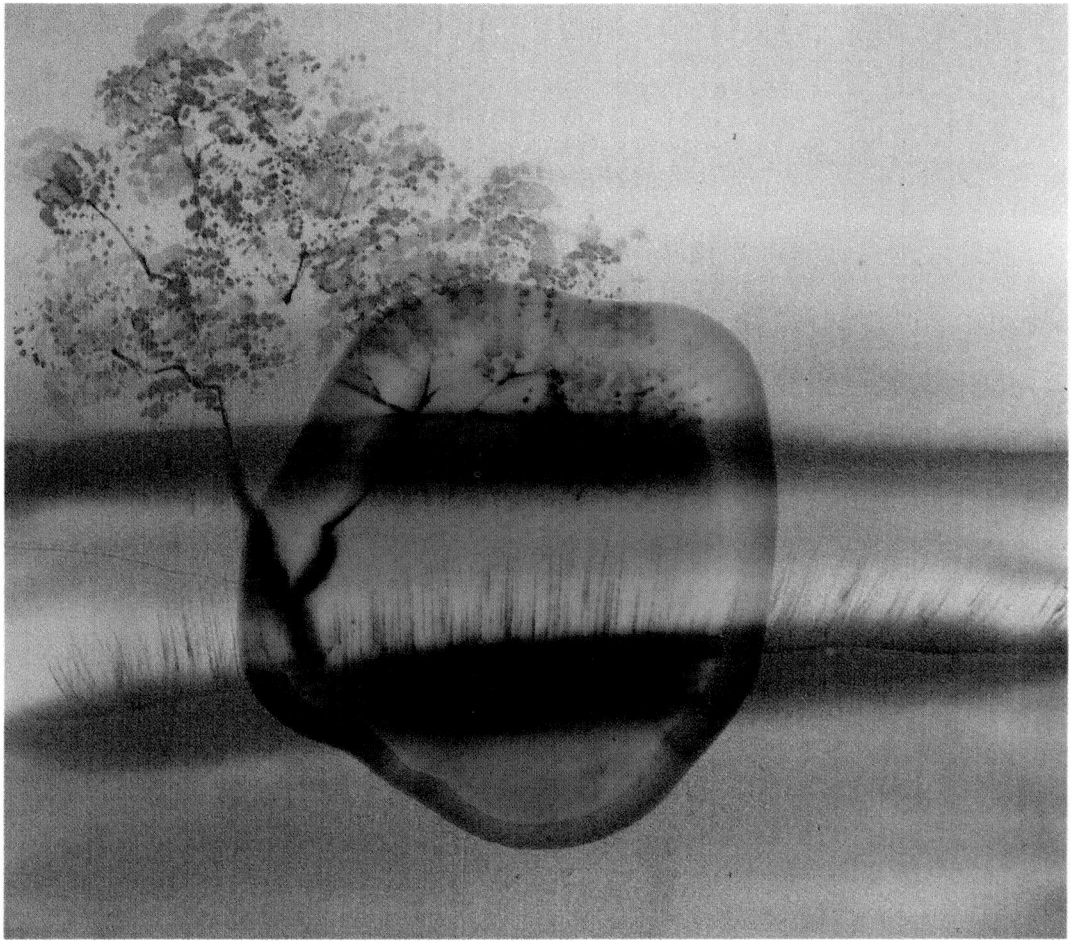

Seide setzen und sofort mit Schwung hochziehen - das muß ganz rasch geschehen. So entstehen die feinsten Gräser – oder haben Sie gedacht, ich male sie alle einzeln?
Nun ist ein Mißgeschick geschehen, es kam ein Fleck auf die Seide. Es kann aber auch sein, daß Ihnen das Bild einfach nicht gefallen hat. Keine Aufregung, die Seide ist nicht verloren. Sie können ein ganz neues Bild malen und wenn Ihnen das auch nicht gefällt, auch ein drittes und viertes, immer auf derselben Seide. Diese Tatsache nimmt Ihnen die Angst vor dem Material – so können Sie völlig entspannt malen. Ich muß nach wie vor eine Hemmschwelle überwinden, wenn ich ein Papieraquarell malen möchte, bei der Seide ist dies nicht der Fall.

Sie überziehen die gesamte Seide mit Alkohol und reiben sie mit einem Papiertaschentuch vorsichtig trocken. An Stellen, die wieder fast weiß werden sollen (zum Beispiel der Himmel), wiederholen Sie diesen Vorgang mehrmals.
Auf die noch nasse Seide habe ich nun eine völlig andere Landschaft gemalt. Die Birkenstämme habe ich nach dem Trocknen ausgewaschen und dann die Vögel eingemalt. Die Bilder auf ausgewaschener Seide bekommen Farben, die man so nicht mischen kann, sie sind ein wenig diffus, morbide und dunstig.
Wenn Sie mit dem dicksten Pinsel Alkohol auftragen, entstehen Ränder, die manchmal sehr hübsch aussehen. Sie können damit Effekte erzielen, aber auch jederzeit die harten Ränder wieder wegwaschen. Sie sehen also, die Ränder, an die Sie sich beim Malen auf dem Rahmen so mühsam gewöhnt haben, erreichen Sie auch auf der Glasplatte. Es wird bei all diesen „Tricks" deutlich, daß das Aquarellmalen auf Seide nicht so viel Können erfordert wie auf dem Papier – das Papier läßt sich nicht so strapazieren.

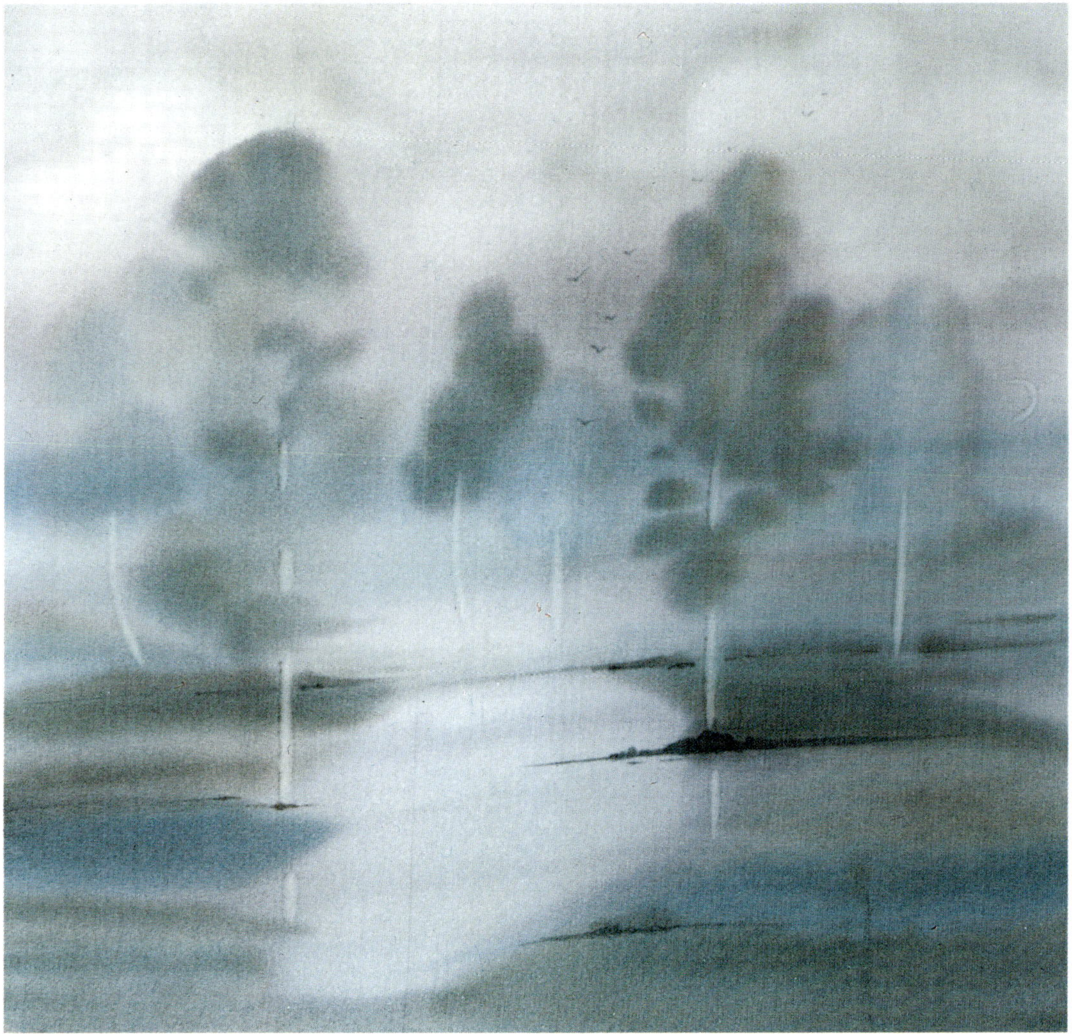

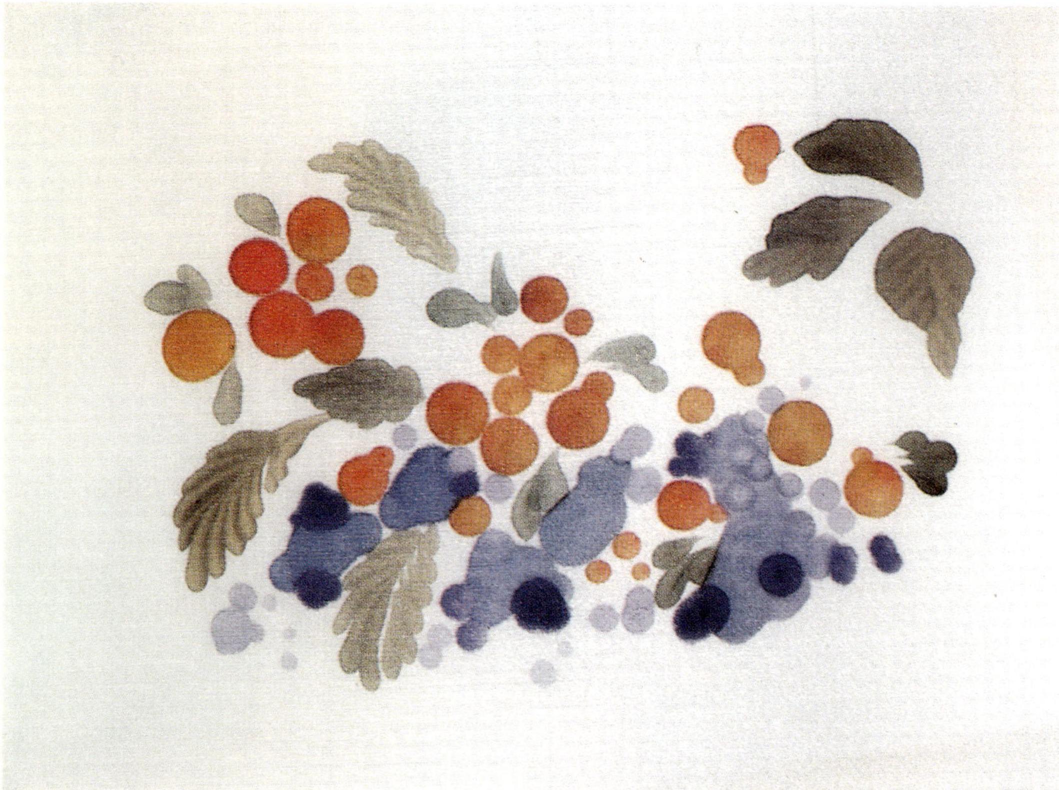

Auflösen mit Alkohol

Diese Beeren habe ich zuerst einmal ganz hart auf trockene Seide gemalt. Das bedeutet, daß das Bild sehr konkret wurde, und der Aquarellcharakter völlig fehlt. Wenn Sie nun bei einem solchen Bild einen verlaufenden, weich fließenden Effekt haben möchten, oder die Farben zu grell geraten sind, ist es auch nachträglich möglich, dies zu korrigieren.

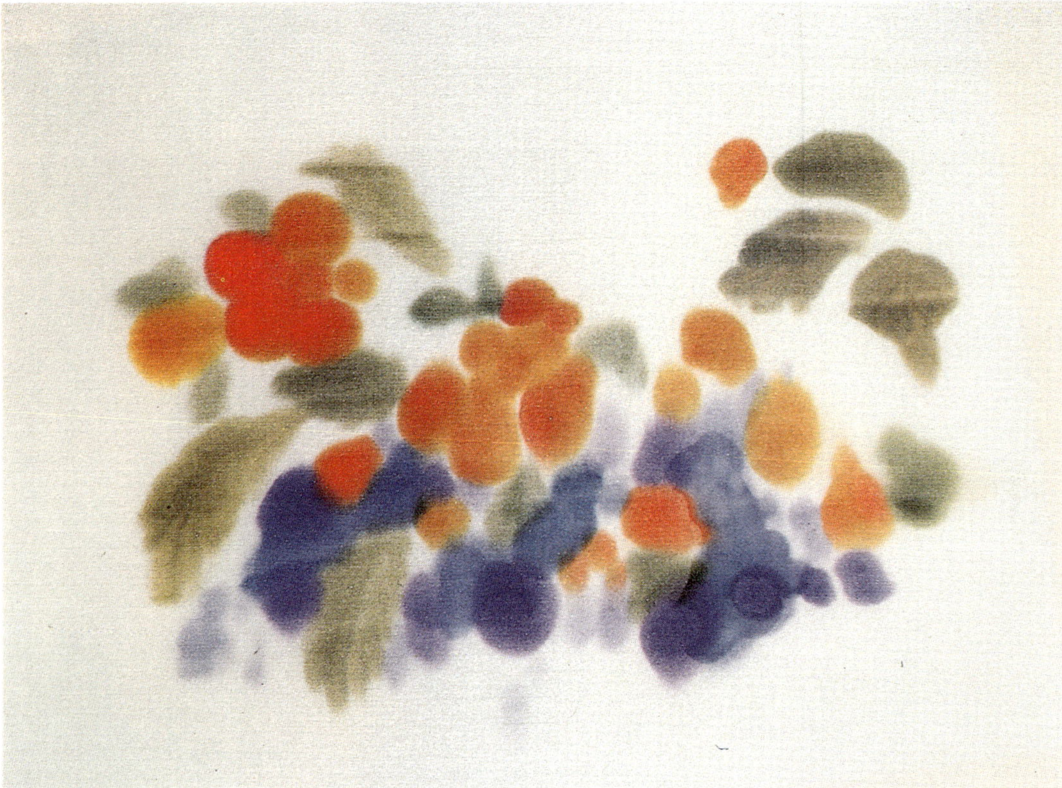

Als die Farbe völlig trocken war, habe ich mit einem sehr großen Pinsel (Nr. 30) Alkohol aufgetragen. Das muß von links nach rechts geschehen und ohne Druck, damit die bunten Farben nicht zu früh gelöst werden und nicht zu sehr verschwimmen.

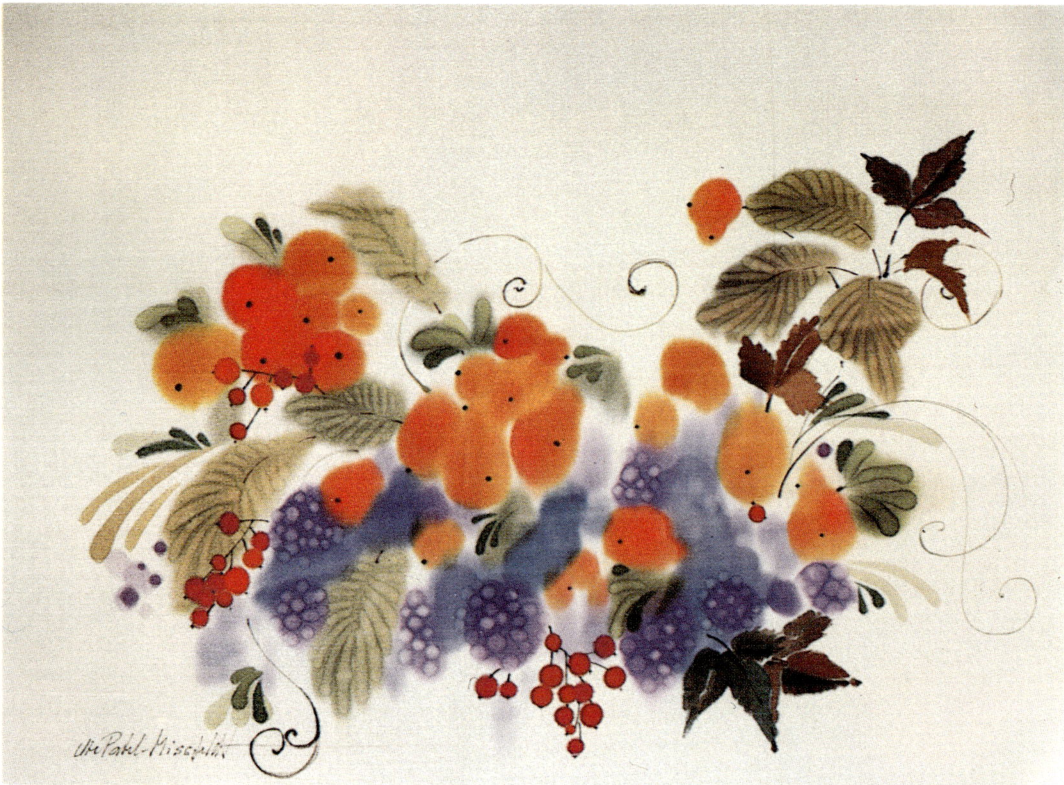

Ich habe die Farbe nun wieder trocknen lassen und das Bild erst dann vollendet. Die Konturen in den Blättern sind nur mit Alkohol herausgewaschen, die blauen Beeren mit Tupfen aufgelöst, neue Blätter und Beeren hinzugemalt – und so enstand langsam das Bild.

Nachwort

Sie haben nun dieses Buch gelesen und betrachtet – und wenn Sie nicht schon zu den malenden Menschen gehörten, haben Sie eventuell Lust dazu bekommen und beschlossen, es auch einmal zu probieren? Vielleicht glauben Sie, man müsse sofort ein großer Künstler sein? Nein, die wichtigste Motivation ist Freude, Freude zuerst für Sie selbst.
Auch in unserer so schnellebiger Zeit ist das Lernen und Üben unumgänglich; wer wird schon als Maler, Fotograf oder Arzt geboren! Ohne Studium und Fleiß kann selten ein befriedigendes Ergebnis erreicht werden.
An meiner Hauptschule stand in erhabenen Steinlettern „Ohne Fleiß kein Preis". Die Tiefflieger schossen im Krieg das „P" ab und fortan stand dort „Ohne Fleiß kein reis". Auch das leuchtete mir als Kind ein.
Eine andere Motivation kann Ihnen auch ein Satz aus der Philosophie meines Mannes geben: „Das Glück liegt auf dem Weg zum Ziel". Das Malen macht wirklich von Bild zu Bild glücklicher. Da aber die Ansprüche mit dem Fortschreiten höher und höher werden, ist das Ziel nie zu erreichen und das „Glück auf dem Weg" bleibt bestehen. Ist das nicht eine wundervolle Perspektive? Vielleicht erleben auch Sie es durch dieses Buch. Ich wünsche es Ihnen.

Seiden- und Kunstmalschule
Direktion: Ute Patel-Missfeldt · Jozsef Rákosi ·Alter Pfarrhof · Obereggersberg
8422 Riedenburg · Telefon (09442) 2425

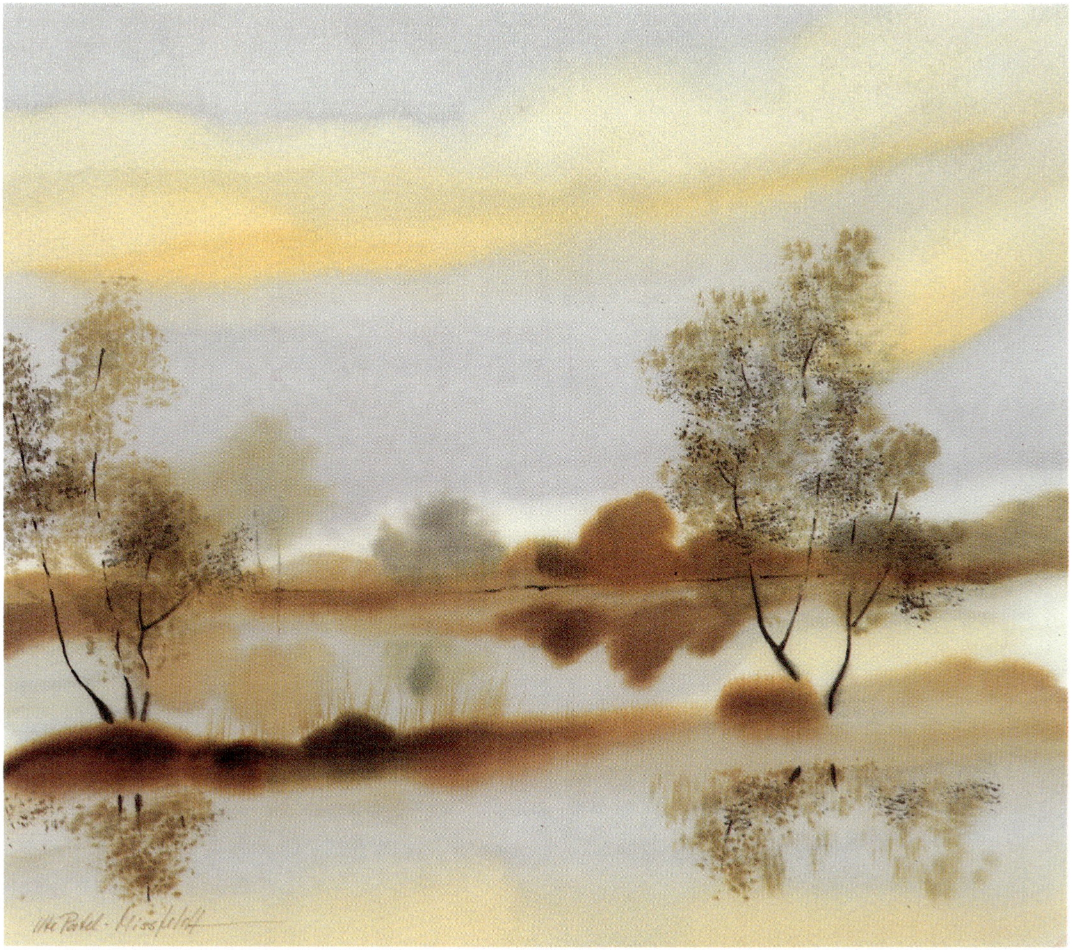

Dieser Herbst im Moor ist auf Crêpe de chine entstanden. Mit nur drei Farben, Schwarz, Orange und Gelb können Sie genau wie mit Aquarellfarben unendlich viele Töne und Nuancen mischen. Die Bäume sind mit gespreiztem Pinsel mit sehr konzentrierter Farbe getupft; zuerst mit Orange und Schwarz auf die noch ein wenig feuchte Seide, dann nach dem Trocknen mit schwarzer Farbe darüber. Die Stämme habe ich mit stark konzentrierter Farbe und Pinselstärke Nr. 1 auf die nun trockene Seide gemalt.

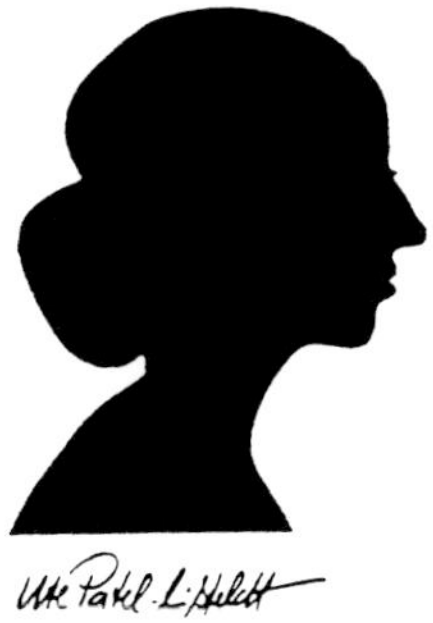

Biographische Daten

Ute Patel-Missfeldt, geboren am 31. 12. 1940 um 23.55 Uhr in Bremerhaven. Verheiratet mit einem indischen Urologen, der zugleich Künstler und Philosoph ist.

1957–1960 Graphische Ausbildung in Bremerhaven
1972–1977 Fachlehrerin am Gymnasium in Langen, Lehrfach Kunst

Dozentin der Volkshochschule München und Ingolstadt.

Lehrauftrag der Universität Bhavnagar/Indien, Lehrfächer in Malen und Zeichnen verschiedener Techniken, Aquarell, Pastell, Seidenmalerei, kunstgewerbliche Papierarbeiten.

Kostümbildnerin
Zeichnen von Karikaturen für verschiedene Zeitungen.

Mitglied der Kunstvereine Bremerhaven und Ingolstadt.

Kleidervorführungen „Kunst Kleider – Kleider Kunst“ u.a. in München, Bremen, Berlin, Wien, Ingolstadt, Oldenburg, Bremerhaven.
Fernsehaufnahmen des ZDF – Deutschland
ORF – Österreich

Rundfunkaufnahmen in Deutschland und Österreich, Filmaufnahmen in Kanada.

Ausstellungen in aller Welt, um nur einige zu nennen:
Deutschland: Berlin – München – Bonn – Hamburg – Lübeck – Bremen – Bremerhaven – Ingolstadt – Traunstein – Worpswede
Österreich: Wien – Linz – Grein a.d. Donau – Salzburg
Schweiz: Basel große Kunstmesse – Zürich – Chur
U.S.A.: New York – Washington – Atlanta – verschiedene Goethe-Institute

1986 – Austellung und Kurse auf der Kreuzfahrt des Motorschiffes Europa.

Schöne Träume – auf Seide gemalt

Bücher von Ute Patel-Missfeldt

Malen auf Seide

Die neue Technik von Ute Patel-Missfeldt

Eine praktische Anleitung mit 16 Farbbildern sowie zahlreichen Schwarz-Weiß-Abbildungen. 4. Aufl., 21,6 x 20,0 cm, 72 Seiten, Pappband lam., ISBN 3-89102-185-2

„Die durch zahlreiche Ausstellungen, Festveranstaltungen, Publikationen und Medien hervorgetretene Dozentin stellt hier eine vereinfachte Maltechnik mit geringerem Zeitaufwand, erhöhter Präzision und erheblicher Arbeitserleichterung vor, die sich für verschiedene Naturstoffe eignet. Stichwortartig knapp werden Materialien, Werkzeuge und Farben beschrieben mit Kontaktadressen für weiterführende Informationen. Des weiteren handelt es sich um eine die Arbeitsschritte genau beschreibende Kurzfassung der von der Autorin veranstalteten Kurse. Faszinierende, vom Jugendstil beeinflußte Farbillustrationen runden das Werk ab."

Einkaufszentrale für das öffentliche Büchereiwesen

Träume auf Seide

2. Aufl., 21,6 x 20,0 cm, 48 Seiten mit 16 Seidenbildern, geb. in Comtessa-Kunstseide, ISBN 3-89102-180-1

„In der Kombination des auf Seide gemalten Bilder-Zyklus von Ute Patel-Missfeldt mit den Versen des indischen Dichters Biharlil – er lebte wahrscheinlich von 1595 bis 1664 – ist ein kleines Kunstwerk von faszinierender Schönheit entstanden. Exklusive Motive der Seidenmalerei, begleitet von indischen Liebesgedichen, ergänzt mit Hinweisen zur Technik der Seidenmalerei, bilden den Inhalt dieses als Geschenk für alle, die Freude an schönen Büchern haben, besonders geeigneten Kunstwerkes."

Berliner Ärzteblatt

Blüten auf Seide

2. Aufl., 21,6 x 20,0 cm, 48 Seiten mit 20 Farbbildern sowie zahlreichen Schwarz-Weiß-Zeichnungen, Pappband lam., ISBN 3-89102-190-9

„Ein Werkbuch über Seidenmalerei, das sofort überzeugt. Die Künstlerin verbindet die Schönheit der Blüten mit der Schönheit der Seide und hat die Fähigkeit, mit Begeisterung zu vermitteln."

Treffpunkt Bibliothek